L'AGRICULTURE

PAR

M. Edmond Murphy
Professeur à l'Institut de la Reine, à Cork

TRADUIT DE L'ANGLAIS SUR LA CINQUIÈME ÉDITION

Par J. SANREY

Prix : 1 fr. 50 c.

PARIS
LIBRAIRIE CENTRALE D'AGRICULTURE ET DE JARDINAGE
QUAI DES GRANDS-AUGUSTINS, 41

1861

..., éditeur, quai des Grands-Augustins, 41, PARIS.

LE CULTIVATEUR ANGLAIS

THÉORIE ET PRATIQUE

DE

L'AGRICULTURE

Evreux, A. Hérissey, imp.

LE CULTIVATEUR ANGLAIS

THÉORIE ET PRATIQUE
DE
L'AGRICULTURE

PAR

M. EDMOND MURPHY
Professeur à l'Institut de la Reine, à Cork

CINQUIÈME ÉDITION TRADUITE DE L'ANGLAIS

Par J. SANREY

PARIS

LIBRAIRIE CENTRALE D'AGRICULTURE ET DE JARDINAGE
QUAI DES GRANDS-AUGUSTINS, 41
— Auguste GOIN, Éditeur —

1860

AVERTISSEMENT DU TRADUCTEUR

Nous croyons rendre service aux agriculteurs français en leur offrant la traduction d'un ouvrage élémentaire qui a obtenu le plus grand succès en Angleterre et qu'on y trouve dans les mains de tous les habitants des campagnes. L'auteur, M. le professeur Edmond Murphy, n'avait pas besoin de cette publication pour justifier sa réputation d'un des agronomes les plus distingués de notre époque ; mais en écrivant ce petit ouvrage et en le mettant à la portée de toutes les classes, il a mérité la reconnaissance de tous les amis de l'humanité. Tout le monde sait que l'agriculture anglaise a accompli de grands progrès depuis un demi-siècle et que des productions abondantes sont le résultat des perfectionnements incessants introduits dans l'industrie agricole. Nous avons pensé que cette traduction pourrait avoir une heureuse influence dans notre pays, et qu'elle ferait connaître les procédés sur lesquels reposent les succès de la culture de nos voisins.

Les encouragements qu'a reçus l'agriculture en France depuis quelques années ont certainement contribué à élever le niveau de la production, et nous possédons quelques exploitations qui n'ont rien à envier aux autres nations. Mais ce ne sont que des exceptions par lesquelles on peut mesurer ce qui reste encore à accomplir. C'est surtout à la petite culture que doit être avantageuse l'introduction des méthodes nouvelles, et, si l'on considère que plus des deux tiers de notre population est employée aux travaux agricoles, on se convaincra de l'accroissement de richesse dont notre sol est susceptible. Par malheur, c'est dans la classe la plus nombreuse que la routine a le plus de puissance et ce ne peut être que par la diffusion de l'instruction dans les campagnes que les méthodes de la science pourront vaincre les vieux systèmes.

Ce qui domine dans cet ouvrage, c'est l'importance que l'auteur attache à l'entretien de l'équilibre du sol, c'est-à-dire à la nécessité de rendre à la terre l'équivalent des matières fécondantes que les récoltes lui enlèvent annuellement. C'est, en effet, l'observation de ce principe qui procure à l'Angleterre des récoltes supérieures. Non seulement on obtient dans les fermes une plus grande quantité de fumiers, mais on consacre chaque année des sommes énormes à l'achat d'engrais étrangers, guanos, os d'animaux, tourteaux, etc. Les Anglais attribuent tous leurs succès à la production des plantes fourragères; les rutabagas ou les turneps occupent dans l'assolement une surface presque égale à celle du froment. Mais il faut remarquer que ces récoltes sont consommées sur la ferme et ne s'exportent qu'à l'état de viande grasse, ce qui permet au cultivateur de conserver une quantité d'engrais qui assure la fertilité des récoltes futures. Ce n'est pas le même cas dans les exploitations françaises où l'on cultive la betterave pour la sucrerie ou pour la distillerie, car alors la plus grande partie de la récolte sort de la ferme.

Loin de nous la pensée de blâmer la culture des plantes industrielles qui servent à la création de fabriques agricoles, qui ont un grand intérêt comme annexe des fermes en procurant du travail aux ouvriers ruraux pendant l'hiver. Mais le cultivateur qui réalise des bénéfices élevés en vendant ses racines ou en les transformant en produits industriels, doit restituer au sol l'équivalent des matières organiques qu'il exporte, sous peine de produire un appauvrissement de ses terres, et d'escompter la fécondité des récoltes futures.

L'ouvrage de M. Murphy se divise en deux parties : l'une contient la théorie; l'autre traite de la pratique. Cette dernière partie comprend seulement les récoltes les plus importantes; il n'est pas possible, dans un petit volume, de donner des détails sur toutes les cultures spéciales qui ne peuvent être bien traitées que dans des ouvrages monographiques; mais les principes de la partie théorique peuvent s'appliquer à tous les systèmes de culture. On y trouvera des indications précises sur des faits acquis à la science agricole et dont la vulgarisation ne peut qu'être utile dans la pratique. Les découvertes des physiologistes, expérimentées par les agriculteurs, ne parviennent pas assez vite dans les masses. Pour ne citer qu'un exemple qui fait sourire bien des gens ignorants et qui est toutefois une vérité acquise expérimentalement, nous citerons cette observation qu'il faudrait répéter sans cesse, savoir : qu'*un litre d'urine vaut en agronomie un kilo de froment.*

Nous avons tâché de rendre dans cette traduction toute la clarté et la simplicité du style de l'auteur. Nos efforts ne seront pas perdus, si les agriculteurs y trouvent l'occasion d'emprunter des données capables d'améliorer leur production agricole, et notre rôle, pour avoir été modeste, n'en sera pas moins utile.

LE CULTIVATEUR ANGLAIS

PREMIÈRE PARTIE

THÉORIE DE L'AGRICULTURE

CHAPITRE Ier

Composition des Corps organiques

SOMMAIRE. — Classement des substances. — Ce qu'on entend par substance organique et inorganique. — Des corps simples et des corps composés. — Les plantes cultivées sont des corps composés. — Quantités d'eau et de charbon trouvées dans les plantes. — Substances qui restent de la combustion des végétaux. — Caractères principaux des gaz oxygène, hydrogène, azote et carbone.

1. On divise tous les objets dont nous sommes environnés en deux classes : les substances organiques, comprenant tout ce qui est doué du principe vital, comme les animaux et les plantes; les substances inorganiques, qui renferment tous les objets inanimés, comme les rochers, les minéraux. Parmi les premières, la chimie distingue des corps simples et des corps composés. Un corps simple est celui dont toutes les parties qui entrent dans sa composition possèdent des caractères homogènes ou de même nature. Ainsi, quel que soit l'état de division d'un métal pur, comme du fer ou du plomb, chacun de

ses fragments conservera des propriétés semblables, parce qu'un métal est un corps simple. Mais, au contraire, un corps composé fournit des éléments de diverses espèces ; l'eau, par exemple, est formée de deux corps différents ; un morceau de bois, entre les mains du chimiste, fournit trois ou quatre espèces de gaz et un nombre double de substances terreuses ou minérales, dont chacune possède des propriétés distinctes. On connaît environ soixante corps simples qui servent, par leur réunion en diverses proportions, à la formation de tout ce qui existe dans la nature.

2. Si l'on fait dessécher un végétal quelconque, un navet, une carotte, une betterave ou un chou, on trouve que le poids primitif se réduit à peu près au dixième, ce qui prouve que 90 parties sur 100 n'étaient que de l'eau. Les grains des céréales ou les fourrages conservent à leur dessiccation environ quinze pour cent de leur premier poids. Si l'on soumet à la combustion, dans un vase abrité de l'air, 100 parties d'un végétal desséché, le résidu de cette opération se présentera sous la forme d'un charbon poreux, conservant à peu près la moitié du poids de l'objet qu'on a carbonisé. Enfin, si l'on fait brûler ce résidu charbonneux à l'air libre, on ne recueillera qu'une petite quantité de cendres dont le poids variera suivant la nature de la plante et s'élèvera de 1 à 10 parties du poids du corps charbonneux.

3. Les matières qui disparaissent en brûlant sont nommées les éléments volatils des plantes ; ce sont des gaz connus sous les noms d'*oxygène*, d'*hydrogène*, d'*azote* et de *carbone*. Celles qui restent dans les cendres des végétaux sont appelées les éléments

fixes; ce sont : la *potasse*, la *soude*, la *chaux*, la *magnésie*, la *silice*, le *phosphore*, le *soufre*, le *chlore*, le *fer* et le *manganèse*. Nous allons examiner les caractères les plus importants de chacune de ces diverses substances.

ÉLÉMENTS VOLATILS DES CORPS ORGANIQUES.

4. L'**oxygène**, qu'on appelle aussi *air vital*, est un gaz transparent, incolore, sans odeur ni saveur; il est un peu plus pesant que l'air atmosphérique : cent volumes de gaz oxygène pèsent à la balance pneumatique 34 unités, tandis qu'un même volume de l'air que nous respirons ne pèse que 31 unités. L'oxygène entre dans la composition de l'air atmosphérique pour 21 parties sur 100; il entre dans celle de l'eau pour 8 parties sur 9; il forme une grande partie des roches, des terres, des minéraux et environ la moitié de toutes les substances animales ou végétales à l'état vivant. Il est indispensable à l'entretien de la vie des animaux (d'où lui vient le nom d'air vital), et il est le principal agent de la combustion. On peut l'obtenir en versant de l'acide sulfurique sur du peroxyde de manganèse et en recueillant le gaz qui s'échappe dans un réservoir pneumatique. On s'assure de sa propriété pour la combustion en plongeant une allumette éteinte, mais conservant encore un point en ignition, sous un verre rempli de ce gaz; aussitôt la flamme apparaît sur l'allumette, qui brûle avec un grand éclat. Pour vérifier la puissance de l'oxygène sur la vie animale, on peut placer une souris ou un autre animal dans un verre renversé dans une soucoupe d'eau, de façon à interdire l'accès de l'air à

l'intérieur; quand la victime aura absorbé par sa respiration tout l'oxygène de l'air contenu dans le verre, elle périra d'une asphyxie.

L'oxygène possède une propriété toute particulière pour s'unir à un grand nombre de substances et pour former ainsi des composés nouveaux; les oxydes des métaux, qu'on appelle vulgairement la *rouille*, sont le résultat de l'union de ce gaz avec un métal quelconque. En s'unissant aux matières animales ou végétales en décomposition, l'oxygène produit un gaz appelé acide carbonique, dont il sera traité plus loin, et qui passe pour être la nourriture essentielle de toutes les espèces végétales.

5. L'**hydrogène** est, comme l'oxygène, un gaz transparent, incolore et insipide. C'est le plus léger des corps pondérables : il pèse à peu près seize fois moins, à volume égal, que notre air atmosphérique. Cette propriété est mise en usage dans la préparation des aérostats, qui s'élèvent dans les airs en vertu de leur moindre pesanteur, comme un fragment de bois s'élève du fond d'un vase d'eau plus dense que lui. Combiné avec l'oxygène dans la proportion de 1 partie en poids contre 8 parties de ce gaz, l'hydrogène forme l'eau; il entre environ pour six centièmes dans la composition de toutes les matières végétales et animales. Il n'entretient ni la combustion ni la vie animale : une bougie allumée plongée au milieu de ce gaz s'éteint subitement. Néanmoins, un faible courant d'hydrogène brûle parfaitement, et un mélange d'hydrogène et d'oxygène ou même d'air atmosphérique peut causer une explosion dangereuse. Si l'on met dans une bouteille deux volumes d'hydrogène et un volume d'oxygène, et qu'on place le vase sur le feu, il se forme un volume d'eau égal en poids à celui des deux corps gazeux. Ainsi l'eau,

dont le rôle est si utile et si agréable à l'humanité, l'eau, qui sert à éteindre le feu, est composée de deux gaz absolument inflammables, dont l'un est en même temps un poison pour l'homme.

On peut se procurer le gaz hydrogène par la décomposition de l'eau, en faisant passer de la vapeur d'eau par un tube de fer posé sur un fourneau ardent, de façon à ce que des tournures de fer rangées à l'intérieur soient maintenues à la chaleur rouge. L'oxygène de l'eau se combine avec le fer en formant un oxyde métallique (la rouille), et l'hydrogène se rend dans un récipient luté à l'extrémité du tube. Ce dernier procédé donne un exemple de ce que la chimie nomme une analyse, c'est-à-dire la séparation des corps composés; le procédé précédent de la formation de l'eau au moyen des deux gaz enfermés dans une bouteille s'appelle une synthèse, ou l'opération par laquelle on établit une substance en combinant des corps simples dont on connaît la proportion. On peut encore obtenir l'hydrogène plus facilement en versant de l'acide sulfurique étendu sur des morceaux de zinc ou de fer, et en recueillant le gaz qui se dégage de sa combinaison avec l'oxygène.

6. L'**azote** est un autre gaz transparent, sans couleur ni saveur. L'air que nous respirons est formé de 79 parties de ce gaz et de 21 parties d'oxygène. On l'obtient en brûlant l'oxygène de l'air dans un vase dont les bords sont renversés dans l'eau; on se sert pour cette expérience d'un morceau de phosphore. L'azote éteint immédiatement la combustion d'un objet enflammé; heureusement pour nous, il ne produit pas un corps explosif comme l'hydrogène par son mélange avec l'oxygène ou l'air atmosphérique. Il est nuisible à la

vie animale quand il n'est pas mélangé à l'oxygène. Toutes les substances végétales sèches en contiennent des proportions qui varient depuis un millième jusqu'à quatre ou cinq centièmes; c'est surtout dans les graines des plantes qu'il est le plus abondant; il s'élève environ à 16 p. 100 dans la viande sèche et dans le sang. Combiné à l'oxygène, il forme l'acide azotique (ou nitrique). Enfin l'ammoniaque, qui est un autre élément essentiel de la vie végétale, résulte de la combinaison de 3 équivalents d'hydrogène avec 1 équivalent d'azote.

Il semble que le rôle de l'azote dans l'économie de la nature consiste à tempérer la violente énergie de l'oxygène. En effet, ce gaz oxygène, que nous savons indispensable à notre respiration, épuiserait promptement nos organes s'il n'était mitigé dans sa violence par l'azote, qui forme avec lui un air parfaitement approprié à l'organisation des animaux terrestres. L'air contenu dans les eaux des fleuves et des mers renferme des quantités d'oxygène bien plus considérables que celui de notre atmosphère, et les animaux aquatiques semblent organisés pour supporter des doses qui nous seraient fatales.

7. Le **carbone** ou **charbon** est cette substance noire, légère et poreuse qu'on obtient de la combustion des matières animales ou végétales, comme la chair ou le bois, en les soustrayant à l'action de l'air en vase clos. La houille est du carbone mélangé de plus ou moins de matières terreuses ou métalliques. Le graphite, improprement appelé *mine de plomb*, est un composé de carbone et de fer; le diamant passe pour être du carbone pur. L'oxygène possède une grande affinité pour le carbone avec lequel il produit le gaz acide carbonique dont la composition de 100 parties est de 28 en carbone et 72 en oxy-

gène. Dans cet état, il entre fortement dans la composition de la plupart des roches et des minéraux. Le marbre, la pierre à chaux et la craie sont formés à peu près d'un poids égal de chaux et d'acide carbonique; ce gaz occupe également une forte proportion dans la marne, le corail, les coquillages et les sables calcaires. Environ la moitié du poids de toutes les matières animales ou végétales desséchées représente du carbone.

L'air atmosphérique contient une quantité d'acide carbonique qu'on estime à peu près à 1 volume sur 2,500 volumes, soit 1 litre d'acide carbonique sur 2,500 litres d'air. On admet que ce gaz est un élément de la vie végétale, et qu'il est absorbé par les feuilles qui jouissent de la propriété de le décomposer en retenant le carbone pour former les tissus de la plante et en expulsant l'oxygène dans l'air; les animaux, à leur tour, absorbent l'oxygène et expirent de l'acide carbonique en proportion de la quantité de ce gaz absorbé.

Ainsi, la plus grande partie de nos récoltes est composée de carbone et des deux gaz oxygène et hydrogène. 100 parties de ces végétaux, préalablement desséchées dans un four jusqu'à ce qu'elles n'éprouvent plus de perte de poids, sont à peu près composées de 40 à 50 parties de carbone, 5 ou 6 d'hydrogène, 35 à 45 d'oxygène, 1 à 5 d'azote et 2 à 12 parties de cendres. La viande desséchée au même degré fournit, sur 100 parties, 50 de carbone, 3 d'hydrogène, 21 d'oxygène, 16 d'azote et 5 de cendres. La moitié du poids de ces dernières présente du sel ordinaire.

CHAPITRE II

Eléments fixes des corps organiques.

SOMMAIRE. — La potasse. — Son extraction des cendres des plantes. — Le salpêtre. — La chaux. — Diverses espèces de carbonates et de chaux. — Son emploi dans l'agriculture. — Ses effets. — La silice et indication de sa présence. — Le phosphore. — Son origine. — Le phosphate de chaux.

8. La **potasse** à l'état de pureté est une matière saline composée d'oxygène et d'un métal nommé *potassium*. Ce corps simple est inconnu dans la nature à l'état métallique; mais on l'obtient par un procédé chimique au moyen de la potasse. Le potassium possède des propriétés très-remarquables; il est plus léger que l'eau, et il s'enflamme spontanément quand on le jette sur l'eau et même sur la glace. La potasse existe dans un grand nombre de roches, dans tous les sols et dans les cendres de toutes les plantes. Son poids s'élève dans quelques végétaux à la moitié de celui des cendres; la pomme de terre en est un exemple. On emploie la potasse dans la fabrication du savon et du verre; c'est particulièrement pour ces usages qu'on l'importe d'Amérique en grandes quantités. On la retire des cendres de bois par le lessivage et l'évaporation. Son nom de potasse dérive des vases ou pots où se faisait autrefois cette opération.

Le **salpêtre** (azotate de potasse) est un composé de potasse et d'acide nitrique à peu près par portions égales; on le traite par des procédés connus dans tous les pays, et on l'emploie surtout à la fabrication de la poudre de guerre. L'agriculture s'en est quelquefois servi en *poudrage*, pour les céréales au printemps, ou comme engrais sur les prairies. Souvent il a produit d'excellents résultats de cette manière; mais dans certaines circonstances il n'a pas rendu d'effet utile, ce qui tenait peut-être à ce que la terre était suffisamment pourvue de cet élément.

La **soude** est aussi une substance saline résultant de l'union de l'oxygène avec un métal nommé *sodium*, qui possède quelques-unes des propriétés du potassium. On trouve la soude dans la nature, unie à un grand nombre de roches et de terre, et dans les cendres de toutes les plantes, mais en quantité très-variable. Combinée au chlore, que nous verrons ci-après, elle forme d'immenses dépôts de sel marin répandus sur presque tous les points du globe, qui communiquent aux eaux des mers la saveur salée qu'on connaît. On emploie la soude à l'industrie des savons, du blanchissage, etc. Autrefois on l'extrayait des cendres de certains végétaux qui croissent sur les bords de la mer; mais actuellement on l'obtient du sel gemme ou de l'eau de l'océan. La potasse et la soude sont nommées *alcalis;* ces deux substances sont ordinairement combinées à l'acide carbonique, dont on les sépare en les faisant bouillir avec la chaux; elles deviennent alors caustiques et décomposent les matières animales et végétales. La soude combinée à l'acide nitrique forme du nitrate de soude qu'on trouve dans la nature, à la surface du sol au Chili et et au Pérou. Répandu en poudrage sur les céréales au printemps, ce sel produit des effets remarquables sur la prospérité des récoltes.

9. La **chaux** est un oxyde de *calcium*, métal analogue au potassium et au sodium, qui ne peut

être obtenu à l'état simple que par des procédés chimiques très-compliqués, et qu'on ne rencontre pas dans la nature. Combinée à l'acide carbonique, la chaux forme les marbres, les pierres calcaires, la craie. Quand elle est pure, ce qui n'arrive jamais dans les rochers, elle contient sur 100 parties 56 de chaux et 44 d'acide. La marne, les coquillages, le corail et quelques graviers sont des combinaisons semblables, mais d'une proportion variable ; on trouve en outre la chaux dans un grand nombre de minéraux naturels. Elle ne possède pas une solubilité notable, puisqu'il faut environ 700 parties d'eau froide et beaucoup plus d'eau chaude pour dissoudre une seule partie de chaux caustique ; elle est toutefois un peu plus soluble dans l'eau croupissante, qui contient presque toujours de l'acide carbonique. Pour dissoudre une partie de carbonate de chaux, il faut au moins 10,000 parties d'eau froide, ce qui explique la nécessité de chauler les terrains calcaires. La chaux se trouve toujours dans les cendres des plantes.

L'emploi de cette matière en agriculture est d'une grande importance ; on l'applique au sol dans ses divers états, soit à celui de carbonate naturel, de craie, de marne, de gravier, de coquilles pilées, soit à l'état caustique, c'est-à-dire après qu'on a chassé l'acide carbonique de sa combinaison par la chaleur. On facilite cette cuisson en versant de l'eau sur les pierres calcaires, ce qui rend l'action de la chaleur plus prompte et fait tomber la chaux en morceaux menus à l'état caustique ou de chaux vive ; c'est ordinairement en cet état qu'on la répand sur les champs. La chaux caustique a une grande affinité pour l'acide carbonique qu'elle emprunte à l'atmosphère ou aux autres matières qui sont mises en contact avec elle. C'est pour cette raison qu'elle produit des effets prodigieux sur les terrains acides, comme les marais desséchés ou les défrichements récents. Mais cette même propriété empêche qu'on applique la chaux sur les terres en même temps que les autres fumiers, car ceux-ci contiennent du carbonate d'ammoniaque, et la chaux s'emparant de l'acide carbonique de ce dernier sel met l'ammoniaque en liberté. On sait en outre que la chaux active la décomposition dans le sol des matières végétales et animales, et qu'elle favorise ainsi leur assimilation par les plantes; et comme toutes les cendres des plantes contiennent une certaine quantité de chaux, surtout les pois, les fèves, le trèfle, où elle est considérable, on peut la regarder comme un élément essentiel de la végétation.

Une application fréquente ou excessive de la chaux sur des champs privés d'engrais végétaux passe pour être d'une pratique épuisante, suivant le dicton :

Souvent chauler, sans fumier,
Ruine la ferme et le fermier.

Toutefois, ce n'est pas la chaux qui épuise le sol dans ce cas, ce sont bien les récoltes successives; le rôle de la chaux consiste surtout à exciter la terre à fournir aux plantes cultivées l'ammoniaque qu'elle renferme.

10. La **magnésie** est l'oxyde d'un métal inconnu dans l'état simple, le *magnésium*, qu'on extrait chimiquement d'une pierre, le carbonate de magnésie et de chaux. On emploie surtout la magnésie en médecine, et on la trouve dans les cendres de tous les végétaux. Néanmoins, la pierre de magnésie calcinée et employée comme la chaux passe pour être plus nuisible qu'utile. Sa composition est d'environ moitié d'acide carbonique et moitié de magnésie. On

lui donne, ainsi qu'à la chaux, le nom de *terre alcaline.*

11. La **silice** est l'oxyde d'une substance demi-métallique qu'on ne rencontre pas dans la nature, le *silicium*, mais qu'on prépare chimiquement au moyen du silex ou du feldspath, nommé aussi *acide silicique*. On trouve la silice dans la composition d'une grande quantité de cailloux. Les roches de quartz et les sables qui couvrent les déserts immenses du globe sont principalement formés de silice. Le cristal de roche est une silice presque pure; on remarque la présence de cette matière en quantité plus ou moins considérable dans les cendres de toutes les plantes : plus de la moitié des cendres de la paille du froment, plus du tiers de celles de la paille des autres céréales en sont formés. La silice est insoluble dans l'eau; mais elle forme un verre soluble si l'on mélange du silex pulvérisé avec des alcalis en fusion; on pense même que la chaux caustique possède la même propriété, quoiqu'à un moindre degré, dans le sol. On trouve la silice en solution dans quelques sources chaudes, comme les geysers d'Islande, et il est probable qu'elle pénètre dans les racines des végétaux à l'état de silicates de chaux, de potasse, de soude, etc.

La silice s'emploie surtout dans la fabrication des verres, des porcelaines et des poteries.

12. Le **phosphore** est une substance extrêmement inflammable qu'on extrait des cendres des os brûlés. On le trouve aussi dans quelques pierres qui conservent des débris organiques et dans les cendres de toutes les plantes, dans toutes les parties, et particulièrement dans les semences. Combiné à l'oxygène et à la chaux dans la proportion de 48 parties 1/2

d'acide phosphorique et de 51 parties 1/2 de chaux, il forme le phosphate de chaux. Presque la moitié des cendres du blé, de l'orge et de l'avoine, une grande partie de celles des pois et des fèves sont formées d'acide phosphorique.

Les os sont très-employés comme engrais, particulièrement pour les navets ou turneps; on les répand sur les champs en petits fragments ou en poudre, ou on les dissout au moyen de l'acide sulfurique étendu d'eau. On connaît cette préparation sous le nom d'*os vitriolés*, ou plus communément sous celui de superphosphate de chaux.

CHAPITRE III

Eléments fixes des corps organiques (*Suite*).

SOMMAIRE. — Le soufre. — Le plâtre. — Le fer. — Le manganèse. — Le chlore. — Composition des cendres des produits agricoles. — Quantité de matières inorganiques enlevées au sol par les récoltes.

13. Le **soufre** est un autre corps combustible que chacun connaît et qu'on trouve abondamment dans les contrées volcaniques. Un grand nombre de roches et de minéraux, particulièrement ceux qui sont unis au fer ou au cuivre, en renferment des proportions diverses. Il existe dans toutes les terres; dans les cendres végétales, on le rencontre à l'état d'acide sulfurique. Il est quelquefois très-abondant dans certaines plantes, par exemple dans le turneps ou navet.

Combiné avec la chaux dans la proportion de 41 parties 1/2 de celle-ci et de 58 parties 1/2 d'acide sulfurique, il forme le gypse ou plâtre de Paris, dont on rencontre des dépôts dans diverses contrées. On emploie le plâtre dans les constructions et comme amendement sur les prairies naturelles et surtout artificielles. Son action sur les légumineuses, *trèfle*, *luzerne*, etc., produit presque toujours d'excellents résultats.

14. Le **fer** est un métal d'une si grande utilité dans les arts industriels qu'il n'est inconnu de personne. On le trouve à l'état de combinaison dans un grand nombre de minerais et de roches. Toutes les terres en contiennent, ainsi que les cendres des végétaux et même le sang des animaux. Une énorme chaleur est nécessaire pour réduire le métal des diverses matières avec lesquelles il est combiné dans le minerai. Heureusement il se trouve souvent en couches alternant avec des gisements de charbon de terre ou dans le voisinage des houillères. Quelquefois, ce métal se rencontre uni à diverses terres ou à du soufre, et il forme près de la surface du sol des couches imperméables qui s'opposent au développement de la végétation. Dans ces circonstances, il convient de drainer le terrain ou de briser la croûte imperméable. De cette façon, la couche se trouve en combinaison avec une plus grande quantité d'oxygène, et elle se transforme de protoxyde en peroxyde de fer, qui n'est pas nuisible à la croissance des plantes.

15. Le **manganèse** est l'oxyde d'un métal du même nom, qu'on ne peut réduire qu'au moyen de procédés chimiques très-difficiles. Ce corps ne paraît pas d'une grande importance, et son oxyde ou minerai s'emploie pour préparer l'oxygène et le chlore. Mais il existe en faible quantité dans quelques sols et se retrouve dans les cendres de certaines plantes, par exemple dans celles de la bruyère commune, où il s'élève même à 5 ou 6 parties p. 100.

16. Le **chlore** est un gaz d'une couleur verdâtre,

d'une odeur suffocante ; il se combine avec la soude en formant des roches de sel ordinaire dit de cuisine, et se retrouve en cet état dans les cendres de quelques végétaux. En versant de l'acide sulfurique sur un mélange de sel et de manganèse, qu'on chauffe légèrement, on obtient le chlore qui s'échappe à l'état gazeux et qu'on recueille dans un récipient. Combiné avec la chaux, il forme un chlorure très-employé dans les blanchisseries de tissus. Il possède une grande affinité pour le gaz délétère qui s'échappe des substances en putréfaction, qu'on appelle hydrogène sulfuré. On emploie le chlorure de chaux dans quelques cas de médecine, et pour assainir les maisons dans les cas de maladies contagieuses. Le sel marin ou chlorure de sodium se trouve dans les cendres de la viande incinérée pour moitié de leur poids.

17. Le tableau suivant indique la proportion dans laquelle les diverses substances précédemment décrites se trouvent dans 100 parties de cendres provenant de quelques produits agricoles.

PLANTES à l'état de sécheresse ordinaire dont 100 parties donnent :	Cendres	100 PARTIES DE CENDRES VÉGÉTALES CONTIENNENT :										TOTAUX.
		Potasse.	Soude.	Magnésie.	Chaux.	Acide phosphoriq.	Acide sulfurique.	Silice.	Peroxyde de fer.	Sel ordin. ou marin.	Acide carbonique.	
Froment	1 3/4	30	4	12	4	46 »	1/2	2	1 »	Trace	»	99 1/2
Orge	2 1/3	21	4	8	3	36 »	1	26	1 »	*Id.*	»	100 »
Seigle	1 3/4	26	8	12	4	46 »	1	2	1 »	*Id.*	»	100 »
Avoine	2 3/4	17	3	7	4	21 »	1	46	» 1/2	*Id.*	»	99 1/2
Fèves	4 »	34	11	8	6	37 »	1	1	1 »	3/4	»	99 3/4
Pois	3 »	36	7	8	6	34 »	5	1	1 »	2	»	100 »
Foin normal	6 »	22	5	5	14	10 »	3	30	1 1/2	9	»	99 1/2
Pommes de terre	1 »	55	2	5	2	12 »	13	4	1 »	6	»	100 »
Choux	1 »	12	20	6	21	13 »	1	1	20 »	6	»	100 »
Navets	» 3/4	37	7	3	11	10 »	12	3	1 »	6	10	100 »
Betteraves	» 3/4	31	12	3	4	4 »	3	5	1 »	25	12	100 »
Carotte blanche	1 »	32	14	4	9	9 »	7	1	1 »	7	16	100 »
Lin (tiges de)	6 »	19	7	5	21	10 »	7	4	6 »	1	20	100 »
Paille de froment	5 »	12	1	3	6	6 1/2	4	67	1 »	»	»	100 1/2

18. On voit par le tableau précédent que les cendres de tous nos produits agricoles renferment une quantité plus ou moins élevée des substances inorganiques précédemment décrites. Cette quantité varie dans chaque récolte, non-seulement en raison de la nature du champ et des engrais qu'on y a mis, mais encore suivant le degré de maturité des produits obtenus. Il est facile de se rendre compte par l'étude de ces chiffres de la proportion moyenne des substances que l'analyse chimique accuse dans les cendres des végétaux cultivés. Toutes ces différentes matières passent pour être indispensables à la végétation des plantes, et, si l'on se familiarise un peu avec ce sujet, on pourra aisément calculer le montant des éléments que chaque récolte enlève à la terre d'une ferme. Ainsi nous savons, par les chiffres du tableau, que 100 parties en poids de fèves, prises à l''état sec ordinaire et incinérées, laissent un résidu de 4 parties de cendres. Si l'on veut connaître combien la récolte de 1 hectare enlève de substances fixes à la terre, il suffit d'établir une simple règle de proportion : soit une récolte de 15 hectolitres de fèves, pesant chacun 80 kilos, en total 1,200 kilos; le montant des cendres à 4 p. 100 sera 48 kilos. Si l'on recherche combien de potasse les cendres ont enlevé au sol, on voit au tableau que 100 parties de cendres de fèves présentent 34 parties de potasse; donc 48 kilos en donneront 16 kilos 320. On peut, par un calcul semblable, estimer le montant de tous les autres éléments enlevés au sol par une récolte, et le résultat de cette étude fera voir au cultivateur la nécessité de restituer au champ appauvri les matières indispensables à la prospérité des végétaux de sa culture.

CHAPITRE IV

Géologie agricole.

SOMMAIRE. — Fonctions des substances minérales. — Classification des roches terrestres. — Etat antérieur de la croûte terrestre. — Terrains d'alluvion et de diluvium. — Composition des principales roches. — Nature des terrains divers. — Classification des sols arables. — Le sol et le sous-sol. — Condition nécessaire des terrains labourables. — Possibilité d'amélioration.

19. Les éléments fixes qu'on retrouve dans les cendres des végétaux sont, suivant toute apparence, indispensables à leur développement. Quel est l'ordre de leurs fonctions? Agissent-ils sur les plantes, comme la chaux dans l'économie animale, en donnant de la solidité aux os et aux tissus? Ou bien jouent-ils un rôle sur les gaz qui forment l'air, l'eau et le charbon, pour produire ces innombrables variétés de formes végétales que nous offre la nature? C'est un mystère pour l'esprit humain. Les savants s'accordent, toutefois, à considérer les éléments minéraux comme des bases aussi essentielles à la nourriture des plantes que l'air et que l'eau, et l'on fait dépendre le succès de l'industrie agricole du soin qu'a le cultivateur de restituer au sol les matières que lui enlèvent les récoltes de son exploitation. Assurément la terre est l'origine des plantes, et nous allons étudier les principales parties de sa composition, particulièrement sous le rapport de la formation des sols.

20. L'homme n'occupe qu'une faible épaisseur du globe volumineux qu'il habite ; il ignore tout à fait quelle en est la structure intérieure ; il n'en connaît guère que l'écorce ou la croûte terrestre. Des couches de terre ou d'argile, d'une épaisseur très-variable, recouvrent la surface, qui est composée de roches de diverses natures. Tantôt ces roches forment des masses énormes, irrégulières ; d'autres fois elles sont disposées par couches régulières qu'on nomme stratifiées. Les premières présentent des matériaux de formes cristallines comme les granits, et ne renferment ni trace ni débris de corps organiques. Les roches stratifiées qui recouvrent les précédentes, comme les gneiss, les schistes micacés, n'offrent pas non plus d'indices d'une vie organique antérieure. Mais les roches qui forment les étages supérieurs abondent en débris d'animaux et de plantes, et leurs restes se présentent de plus en plus nombreux à mesure qu'on se rapproche de la surface de la terre.

21. La cristallisation qui caractérise les roches inférieures fait supposer qu'elles doivent leur origine à une cause ignée et qu'elles ont passé par l'état de fusion. Quant aux roches stratifiées qui contiennent de si grandes quantités de débris animaux et végétaux, il n'est pas douteux qu'elles ont été déposées au fond des mers et des lacs, à l'état de vase entraînée par des courants, de la même manière que des dépôts semblables s'effectuent encore aujourd'hui. Ces dépôts, dont les couches étaient primitivement régulières et horizontales, paraissent avoir été solidifiés et soulevés par une force volcanique agissant du centre à la surface du globe. Soit qu'une couverture de terre limoneuse existât sur ces dépôts au moment où ils ont émergé des eaux, soit qu'ils fussent composés de substances susceptibles de se

modifier en présence des agents atmosphériques, ils constituent un sol que les débris organiques qu'ils renferment rendent particulièrement favorable au développement de la végétation.

22. Les sols ne doivent pas toujours leur origine à la désagrégation des roches sur lesquelles ils reposent. Ceux des vallées arrosées par des cours d'eau sont le résultat des limons entraînés par les eaux; on leur donne pour cette raison le nom de terrains d'alluvion. On appelle, au contraire, terrains diluviens ceux qui paraissent avoir été déposés par des courants, antérieurement à l'établissement des vallées actuelles et avant que la surface du sol n'ait atteint la hauteur qu'elle a de nos jours.

23. Le silex, l'alumine et la chaux composent la plus importante partie des roches, qui contiennent encore de nombreuses matières, outre les éléments salins, terreux et minéraux que nous avons remarqués dans les cendres des plantes. Ces trois substances, qui prédominent, ont servi de base à la division habituelle des terrains en siliceux, argileux et calcaires. Toutefois, on distingue plus ordinairement les terres en deux classes seulement : les terres *sablonneuses* ou *légères* et les terres *argileuses* ou *fortes*. Le caractère des sols sablonneux, c'est qu'ils sont très-perméables et qu'ils ne retiennent pas assez d'humidité pour supporter la végétation pendant les chaleurs de l'été. Les sols argileux doivent à leur nature compacte la propriété de rester plus frais dans le temps des sécheresses. Aussi la circonstance la plus favorable pour l'industrie agricole est-elle celle qui résulte d'une composition des terres argileuses et sablonneuses dans une heureuse proportion.

24. Une opération très-simple suffit au cultivateur qui veut connaître la proportion d'argile ou de sable contenue dans un sol quelconque. On fait sécher au four une poignée de terre et on en met un poids connu dans un vase. On verse de l'eau et on délaye le mélange; on dépote dans un second vase l'eau boueuse tant qu'elle n'est pas devenue limpide. On laisse déposer le contenu des deux vases; on rejette l'eau quand elle est devenue claire par le repos et on fait sécher les matières déposées, dont le poids de chacune indique la proportion de sable ou d'argile. Suivant la composition des terres, on a établi une classification des différents sols d'après leurs proportions relatives. Un terrain formé de sable et d'argile en parties égales se nomme un *loam* ou *limon, terre franche.* Celui qui contient 2 parties d'argile pour 1 partie de sable s'appelle *loam argileux*, et on nomme *loam siliceux* un mélange qui contient le double de sable que d'argile. Quand le sable ne forme qu'un dixième du poids de l'argile, on dit que le sol est *compacte, froid*, et, si l'argile n'entre que pour la dixième partie, on appelle ce terrain *léger, friable*. Quelle que soit la nature du sol, on ajoute aux dénominations précédentes le mot de *calcaire*, si les terres contiennent une proportion de chaux dont on reconnaît la présence en versant une petite quantité de terre dans un verre de vinaigre fort ou d'acide chlorhydrique étendu d'eau, où il se produit une effervescence.

25. On donne le nom de *sol* à la portion de terre que les instruments agricoles atteignent ordinairement, et celui de *sous-sol* aux couches qui sont placées inférieurement. Les engrais qu'on répand sur la surface des champs, l'action des agents atmosphériques, les débris de la végétation, enfin le labou-

rage lui-même contribuent à donner au sol une couleur et une nature différentes de celles du sous-sol. Quelquefois, un terrain présente la même composition de la surface à une même profondeur; dans d'autres cas, les différences sont bien tranchées, et il arrive que les couches du sous-sol ramenées à la surface produisent par leur mélange de notables modifications dans la condition du sol arable.

26. On a essayé de définir les propriétés agricoles des divers terrains d'après la nature des roches auxquelles est due leur origine. Assurément, il y a une grande différence entre deux sols dont l'un a été produit par la désorganisation d'une pierre calcaire et l'autre par les débris d'une roche de nature schisteuse. Ce dernier sera toujours compacte et difficile à travailler, tandis que le terrain calcaire sera naturellement assaini, meuble et facile. Mais dans ces deux cas, si les circonstances d'élévation et d'exposition sont égales pour chaque terrain, le sol argileux, s'il est convenablement assaini par un drainage et s'il est suffisamment défoncé, produira avec la même quantité d'engrais une récolte bien supérieure à celle du terrain calcaire, et l'on peut être sûr que les dépenses d'amélioration qu'on aura faites dans ce champ seront promptement remboursées par l'augmentation des produits. Aussi peut-on dire que les conditions d'exposition, de fraîcheur, d'élévation naturelle exercent une influence plus considérable sur la fécondité d'un sol que la nature même de sa composition. Il n'y a guère de terrains situés à 200 mètres d'altitude qui ne soient susceptibles d'être améliorés et de produire de bonnes récoltes de racines. Les sols sablonneux, même les plus légers, peuvent recevoir une consistance suffisante au moyen d'une addition de terre argileuse.

Les sols compactes les plus froids peuvent être modifiés par un bon système de drainage, par des défoncements du sous-sol et par une judicieuse exploitation agricole. On peut admettre que tous les sols, quelle que soit l'origine des roches qui les ont produits, sont susceptibles de devenir fertiles et de rendre de bonnes récoltes au cultivateur qui sait les exploiter suivant les règles d'une méthode raisonnée et intelligente.

CHAPITRE V

Physiologie végétale.

SOMMAIRE. — Fonctions vitales des plantes. — Organisation intérieure. — Circulation des fluides dans les végétaux. — Absorption intérieure et extérieure. — Organes de la reproduction végétale. — Hybridation naturelle et accidentelle. — Conséquences que l'agriculteur doit en retirer.

27. Nous savons que les plantes donnent à l'analyse des composés de carbone, d'hydrogène, d'oxygène et d'azote, avec de faibles quantités de substances minérales, salines ou terreuses. C'est donc au moyen de ces corps inorganiques unis au gaz, qui forment l'eau et l'air, que les végétaux, aidés par une force vitale inconnue, élaborent comme dans une fabrique les nombreuses variétés de substances végétales que nous offre la nature. Les racines et les feuilles sont les organes extérieurs qui accomplissent principalement la mystérieuse élaboration des plantes. La fonction essentielle des racines consiste dans l'acte d'absorption de l'eau qui tient en dissolution les éléments nécessaires au développement d'un végétal; quant aux feuilles, elles restituent par exhalation l'excédant de l'eau absorbée dans le sol par les racines.

Si l'on examine au microscope une tranche mince et horizontale d'un produit agricole quelconque, on trouve qu'elle est formée : 1° de cellules fines et arrondies, pressées irrégulièrement les unes contre les autres; 2° de tubes offrant des degrés divers de finesse qui s'allongent dans le sens perpendiculaire du pivot de la plante.

Les cellules ou utricules qui enveloppent le végétal extérieurement et de toutes parts, excepté à l'extrémité des racines, sont recouvertes d'une peau très-fine qu'on nomme *épiderme* ou *cuticule*, dont la fonction paraît avoir pour but de protéger la plante et d'éviter une évaporation trop rapide des fluides intérieurs; mais l'extrémité des racines reste nue afin d'absorber plus facilement les éléments fluides qui sont dans le sol.

28. On croyait encore, il y a quelques années, que les fibres des racines ou le *chevelu* portaient à leur extrémité des suçoirs appelés *stomates*, destinés à aspirer les aliments liquides des plantes à travers les vaisseaux tubuleux; mais il paraît que ces organes n'existent pas et que les vaisseaux tubuleux ne contiennent jamais de fluides, excepté dans les premiers instants de leur formation. Les physiologistes ont fait une expérience au moyen de laquelle ils pensent avoir trouvé quelque analogie avec l'ascension des fluides dans les plantes. Si l'on prend une vessie remplie de liquide et parfaitement close à l'orifice, et qu'on la plonge dans un autre liquide d'une densité différente, il s'établit un échange entre les deux fluides à travers le diaphragme de la vessie, et le liquide le plus dense se mêle avec le plus léger, ou bien le plus léger avec le plus dense. On a donné le nom d'*endosmose* à ce phénomène quand le liquide s'introduit dans la vessie, et celui d'*exosmose* quand le fluide s'échappe à l'extérieur. Ce serait en vertu de ce principe, dit-on, et avec l'aide de l'attraction capillaire, en même temps que par l'effet du vide occasionné par l'évaporation des feuilles, que l'eau

du sol, qui tient en dissolution les diverses matières, trouverait un passage non-seulement pour pénétrer dans les tissus de la racine, mais encore pour s'élever dans toute la longueur jusqu'à l'extrémité des feuilles, où elle s'exhale sous l'action de la lumière et de la chaleur en forme de vapeur. Les partisans du système d'action exosmodique prétendent que l'eau renfermée dans les tissus, rendue plus dense par suite de l'évaporation supportée par les feuilles, s'échange dans le sol contre un fluide plus léger, et qu'en vertu du même phénomène les plantes se débarrassent de diverses matières tenues en dissolution dans l'eau et entraînées dans les racines, parce qu'elles n'en ont pas besoin ou qu'elles pourraient en être gênées.

29. La fonction la plus importante des feuilles paraît être d'aider à l'action des racines en procurant à la plante un élément de nutrition; c'est le rôle que ces organes remplissent en décomposant l'acide carbonique de l'air, en retenant le carbone pour l'usage du végétal, et en rejetant l'oxygène. Quelques auteurs pensent que si nos récoltes pouvaient se développer promptement et se garnir de feuilles vigoureuses, elles seraient en position d'emprunter presque exclusivement à l'air les éléments qui sont nécessaires à leur futur développement. Des expériences positives ont prouvé que les feuilles des plantes absorbent l'acide carbonique de l'atmosphère; on s'est également assuré que l'ammoniaque, la base principale de la nourriture des végétaux, est empruntée à l'air et répandue sur le sol au moyen des pluies. Ce sont là, le carbone et l'azote, des auxiliaires puissants qui suffisent certainement à maintenir les plantes dans un état normal; mais, pour produire d'abondantes récoltes, il est néces-

saire de donner à la terre des engrais et les soins d'une bonne méthode agricole.

Les vaisseaux tubuleux qu'on observe dans la structure des plantes paraissent destinés à consolider l'organisation des tissus, ou peut-être à leur transmettre ou à retenir l'air.

30. Les feuilles et le chevelu des racines sont les organes de la nutrition végétale; mais d'autres organes importants, ayant rapport à la production des fruits ou semences, méritent d'arrêter notre attention. Le *pollen* est une poussière fine contenue dans les loges terminant les *étamines*, qui sont placées dans l'intérieur d'une fleur. Le *stygmate* est porté sur le *style*, qui s'appuie le plus souvent sur la capsule qui renferme le jeune fruit ou l'embryon. Tout l'ensemble de la fleur paraît avoir la destination de protéger ces organes essentiels de la reproduction. Dès que la saison favorable à leur action est arrivée, chacune de ces parties vient concourir à sa fonction naturelle, et sort des plis où elle paraissait endormie pour jouer un rôle actif. Alors la fleur ouvre ses pétales, le stygmate est mûr, et le pollen, secoué par le vent, par les insectes ou par une puissance inconnue, se met en contact avec le stygmate et féconde la graine embryonnaire qui repose dans son berceau.

31. Le pollen d'une plante n'a pas d'influence sur l'organe d'une autre plante d'espèce différente, mais il peut féconder des variétés de son espèce; dans ce cas, le produit est une plante croisée ou hybride. Ainsi, la semence du froment n'exerce aucune action sur celle d'un poids ou d'une féve, ni même sur celle de l'orge ou de l'avoine; mais une hybridation peut avoir lieu et produire, par exemple, une avoine brune si le pollen d'une variété noire a fécondé le

stygmate d'une avoine blanche. Le même accident d'hybridation résulterait de la fécondation d'un blé rouge avec un blé blanc, et la variété hybride aurait un caractère particulier. Il en est de même des autres plantes cultivées dans les fermes : les navets, betteraves, etc. Cette étude est de nature à mériter l'attention du cultivateur, qui peut au besoin en tirer quelque profit, ainsi que le font les horticulteurs. Elle indique à celui qui possède une bonne variété que, pour la conserver pure, il faut éviter de la cultiver dans le voisinage d'autres variétés inférieures qui pourraient lui causer des dégénérescences fâcheuses.

Une condition de la plus grande importance pour la réussite des récoltes de céréales, c'est assurément celle d'une belle saison au commencement de l'été, époque où la fleur des grains se développe, et où s'accomplit l'acte important de la fécondation.

CHAPITRE VI

Physiologie végétale (*Suite*)

SOMMAIRE. — Nourriture des plantes. — Végétation naturelle. — Importance de l'engrais. — Germination des semences. — Organes essentiels des plantes. — Classement des végétaux d'après leur durée. — Classement d'après leur mode d'organisation. — Organisation des arbres. — Rôle de la sève.

NOURRITURE DES PLANTES

32. Dès que le principe vital se retire d'une plante ou d'un animal, les forces chimiques qui réunissaient les diverses parties de l'individu vivant se brisent et se séparent spontanément. Une décomposition des tissus organiques, analogue à une combustion lente, s'empare du cadavre abandonné; l'oxygène s'unit au carbone pour former de l'acide carbonique; l'ammoniaque se dégage en vapeurs fétides, et les matières minérales, salines ou terreuses restent seules dans les débris. Mais les produits de cette désorganisation, l'acide carbonique, l'ammoniaque, les éléments fixes minéraux sont précisément les substances qui conviennent à la nutrition des plantes. Donc la fertilité d'un sol, sa puissance de production dépendent presque absolument de la quantité des matières de cette espèce qu'il contient.

33. Presque toutes les matières minérales fixes qu'on trouve dans les cendres existent dans le sol en abondance. Quant aux éléments gazeux, nous avons vu qu'ils sont répandus dans l'atmosphère, et

qu'ils sont apportés sur le sol par divers phénomènes météoriques, la pluie, la rosée, etc. La végétation des plantes à l'état naturel se trouve donc assurée; mais l'agriculteur ne peut pas se contenter de produits spontanés, qui ne lui fourniraient que des rations insuffisantes pour entretenir son bétail. A l'état naturel, un navet, une carotte, une betterave ne produisent que des racines de la grosseur du petit doigt; or l'expérience nous apprend qu'en fournissant à ces plantes étiques une nourriture abondante, elles changent tout à fait de nature, perdent leurs qualités amères, et se transforment en de vrais réservoirs de matière alimentaire, sucrée, agréable, dont nous pouvons tirer un parti profitable.

Méconnaissant ces circonstances, J. Tull, célèbre agronome du siècle dernier, à qui l'on doit l'introduction de la culture en lignes, s'imagina — et il a encore quelques disciples aujourd'hui — qu'il était possible d'obtenir de bonnes récoltes de céréales et d'autres plantes sans fournir d'engrais aux champs. Sans doute, un sol de bonne condition naturelle, bien assaini, ameubli et entretenu soigneusement, peut produire de fortes récoltes pendant de longues années sans recevoir de fumier. On cite des terrains de première fertilité de la Virginie qui ont rapporté pendant un siècle des récoltes annuelles de tabac et de céréales alternativement; mais le résultat final d'une telle exploitation du sol sera de laisser, dans un avenir plus ou moins éloigné et suivant toute apparence, une friche épuisée et infertile.

GERMINATION DES SEMENCES ET VÉGÉTATION DES PLANTES

34. Une semence déposée dans le sol, dans des conditions de température, d'humidité et de profon-

deur convenables, ne tarde pas à se gonfler et à absorber l'oxygène de l'eau pour former avec le carbone de la graine un gaz d'acide carbonique qui se dégage, et dont une partie se transforme en gomme et en sucre pour les premiers besoins de la plante. Bientôt une petite racine, la *radicule*, sort de la graine et pivote dans le sol, et la jeune tige ou *plumule* se développe à l'opposé. Des organes, appelés *cotylédons*, sortent du sol avec une couleur verte et remplissent la fonction des feuilles à ces premiers moments; puis la racine commençant son rôle d'absorption, les cotylédons s'étiolent, disparaissent pour faire place aux feuilles, et la plante, munie de tous ses organes, ayant des cellules et des vaisseaux, continue sa végétation. Si les cotylédons sont attaqués par une cause quelconque avant l'apparition des feuilles, la plante ne peut pas prospérer; les insectes, qui dévorent souvent ces premiers organes des végétaux, font ainsi avorter la récolte.

35. Les plantes qui viennent à fructification dans l'année même de leur semaille sont nommées *annuelles*, comme le froment, le lin. Celles qui dans la première année produisent seulement des feuilles et des racines, et qui n'arrivent à la maturité de leurs graines que dans la seconde année, sont appelées *bisannuelles*, comme la betterave, la carotte, le chou, etc. Enfin, celles qui produisent des fleurs et des graines chaque année, comme les arbres et beaucoup d'autres végétaux, reçoivent le nom de *vivaces*.

36. Les arbres de nos climats s'accroissent en épaisseur par l'addition d'une couche nouvelle qui se dépose chaque année sur la couche extérieure de l'année précédente. Ils sont munis à leur naissance de plusieurs cotylédons, mais le plus habituellement

d'une paire de ces organes. On classe les végétaux en deux grandes divisions : ceux dont les caractères d'accroissement se manifestent à l'extérieur, ou qui ont deux cotylédons, se nomment *exogènes* ou *dicotylédonés*. Ceux dont l'accroissement en diamètre s'accomplit par le développement intérieur des fibres, et qui n'ont qu'un seul cotylédon à leur naissance, s'appellent *endogènes* ou *monocotylédonés*. Les palmiers, d'autres arbres des régions tropicales et les graminées de nos climats appartiennent à cette deuxième classe. Presque toutes les autres plantes cultivées sont exogènes.

37. La section d'un tronc d'arbre dicotylédoné présente : 1° la moelle ou *médulle*, substance celluleuse et spongieuse située au centre ; 2° les couches ou zones de bois dur ; 3° les zones de bois blanc, *aubier* ; 4° l'écorce, et 5° l'épiderme. La fonction de la moelle paraît être de retenir une quantité d'humidité pour la jeune plante, ou pour les nouvelles pousses ; ensuite elle s'oblitère.

Les plantes annuelles accomplissent leur végétation et périssent aussitôt que la fructification est terminée ; les bisannuelles subissent le même sort après la maturité de leurs graines, à la seconde année. Mais les végétaux vivaces forment, pendant la première saison de leur croissance, une couche ligneuse autour de la moelle, et l'écorce recouvre et entoure le bois. Quand la température devient plus basse, à l'automne, l'évaporation des feuilles éprouve une diminution, et les racines deviennent moins actives dans leur absorption. La sève, qui est l'élément nutritif de la plante, s'accumule dans les tissus et dépose une couche nouvelle entre le bois et l'écorce. Pendant l'hiver les bourgeons continuent de se développer, mais lentement et à l'état latent, sans doute au moyen du réservoir alimentaire qui existe dans les tissus. Dès que la température s'élève, les jeunes feuilles font leur apparition et rendent à l'air les gaz qui forment l'eau, tandis que les racines absorbent l'humidité du sol avec une énergie correspondant à l'évaporation des feuilles. La couche de séve déposée entre le bois et l'écorce devient alors liquide; les cellules et les vaisseaux tubuleux s'organisent, et forment ainsi la nouvelle zone ligneuse de l'année.

38. C'est une opinion généralement admise que la séve contenue dans les racines d'un arbre s'élève jusqu'aux feuilles à travers les tissus de la zone précédente, ou du moins de l'aubier, et qu'après avoir abandonné l'excédant de l'eau qu'elle contient, cette séve, devenue plus pesante, descend par l'écorce pour alimenter toutes les parties du végétal, même les extrémités des racines. Mais quelques physiologistes nient l'existence de cette circulation descendante de la séve; ils pensent qu'il est plus probable que la séve ascendante fournit une alimentation suffisante à toutes les parties du végétal, et que l'excès d'eau se rend seulement aux feuilles par lesquelles s'effectue l'évaporation. L'expérience bien connue d'une ligature faite sur le tronc d'un arbre, qui forme un bourrelet plus prononcé au-dessus qu'au-dessous de la compression, semble un phénomène qui contrarie cette opinion. Mais qu'il y ait ou non une séve descendante, il est certain que les éléments minéraux fixes qu'on trouve dans les cendres tirent leur origine du sol au moyen des racines. Et comme une grande partie de ces éléments fixes sont insolubles, une quantité d'eau plus considérable qu'il n'en faut à la plante pour organiser ses tissus y reste emprisonnée, et s'évapore par l'action des feuilles.

CHAPITRE VII

Physiologie animale

SOMMAIRE. — Composition des aliments. — Classification des substances alimentaires. — Substances ternaires et quaternaires. — Phénomènes de digestion et de circulation. — Pertes animales causées par la fatigue. — Théorie de l'engraissement. — Importance des soins et des rations.

39. L'analyse chimique démontre que les animaux et les plantes sont exactement formés des mêmes substances. Un morceau de chair soumis à la combustion fournit du carbone, de l'hydrogène, de l'oxygène et de l'azote, qui s'échappent à l'état gazeux, et laisse des cendres dans la composition desquelles on trouve la potasse, la soude, la chaux, la magnésie, le fer, le phosphore, le soufre, le chlore et l'acide carbonique. Le règne animal et le règne végétal sont doués du principe vital et sont sujets à la mort, après laquelle les forces chimiques qui les composent se désassocient et se séparent. L'organisation de ces deux règnes est d'une analogie frappante dans ce que nous appelons les degrés inférieurs de l'échelle des êtres, mais ils sont bien différents dans les degrés supérieurs. Les plantes privées de sentiment et de locomotion empruntent leur nourriture à la terre au moyen de leurs racines, et à l'air par leurs feuilles, et cette alimentation consiste en substances gazeuses et minérales. Les animaux doués de la faculté de sentir et de se déplacer entretiennent leur existence directement ou indirectement au moyen du règne

végétal. Certaines substances végétales, comme le sucre, l'amidon, la gomme, l'huile, sont composées de carbone, d'hydrogène et d'oxygène, et sont nommées composés ternaires; d'autres, formées des éléments précédents, auxquels se trouve uni l'azote, comme le gluten, l'albumine, la caséine, se nomment composés quaternaires. On pense que chacune de ces classes de substances remplit une fonction différente dans l'économie animale; que les composés ternaires servent à l'entretien de la respiration et à la production de la chaleur, tandis que les composés azotés sont destinés à la production de la chair et à la réparation des dépenses de la charpente. Les matières grasses des végétaux produisent la graisse ou servent à l'entretien des fonctions respiratoires, suivant les circonstances.

40. Les substances ternaires et quaternaires existent dans toutes les plantes cultivées. Si l'on prend une poignée de farine enfermée dans une pièce de mousseline, et qu'on la malaxe quelque temps dans un vase d'eau pure, on voit qu'une partie de cette fleur, passant à travers les mailles du tissu, se répand dans le vase; si l'on fait sécher ce dépôt, on aura de l'amidon. La pomme de terre et beaucoup d'autres végétaux contiennent une grande quantité d'amidon. Le sucre est trop connu pour qu'il soit nécessaire de le décrire; on sait qu'il est extrait de la canne à sucre des régions méridionales, de la betterave en Europe et de l'érable dans l'Amérique du nord. La gomme est une exsudation de plusieurs espèces d'arbres, comme le cerisier et le prunier de nos climats, ou l'acacia des pays chauds d'où s'obtient la gomme arabique et d'autres variétés du même produit. L'huile ou la graisse existent dans toutes les plantes agricoles, et on en retire de grandes

quantités de la graine de quelques espèces, comme le lin ou le colza. Le lin peigné est un exemple de fibres ligneuses. Ces substances sont, nous l'avons vu plus haut, entièrement composées de carbone, d'oxygène et d'hydrogène en diverses proportions et peuvent probablement se convertir de l'une à l'autre dans l'intérieur des plantes. Ainsi le ligneux et l'amidon se changent en sucre au moyen de l'ébullition dans l'acide sulfurique étendu d'eau, et il est probable que, si l'industrie n'avait pas trouvé un emploi convenable pour les vieux chiffons, les vieilles cordes et d'autres débris ligneux, des fabriques de sucre de cette espèce seraient établies depuis longtemps. Une substance qu'on nomme *pectine*, qui ne diffère de l'amidon que comme les autres matières ternaires diffèrent entre elles (1), se trouve dans les racines du navet, de la betterave, de la carotte, du panais, etc., en place de l'amidon.

41. Dans l'expérience précédente, où nous avons obtenu l'amidon par la malaxation dans l'eau, il est resté dans le tissu de mousseline une matière grisâtre, dure au toucher, c'est du *glüten*, l'une des plus importantes substances de la classe des produits végétaux azotés. L'*albumine* est un autre composé quaternaire; le blanc d'œuf est un exemple de l'albumine animal, et un produit exactement de même nature peut s'extraire du suc de toutes les plantes

(1) En résumé, dit M. Dumas (*Essai de statique chimique*), avec 72 parties de carbone, provenant de la réduction de l'acide carbonique, les plantes peuvent former les produits suivants, en se combinant avec diverses proportions d'eau :

72	carbone	et	90 eau	=	cellulose ou ligneux.
72	*id.*	et	90 eau	=	amidon et dextrine.
72	*id.*	et	120 eau	=	sucre de raisin et d'amidon.
72	*id.*	et	99 eau	=	sucre de cannes ou de betteraves.

cultivées. Il en est de même de la *caséine*, qui sert particulièrement à la formation du fromage. Toutes ces substances contiennent, en outre, une petite quantité de phosphore ou de soufre, quelquefois ces deux corps réunis. On pense que la fonction des produits azotés consiste à procurer au sang les éléments nécessaires à la production de la chair, et d'ailleurs leur analyse ne diffère aucunement de la composition de la viande.

42. Quand un aliment, surtout s'il est sec, est soumis à la mastication, il se mélange à un fluide, la *salive*, que sécrètent des glandes disposées pour cette fonction; ensuite il passe dans l'estomac, où une autre sécrétion acide nommée *suc gastrique* favorise l'acte de la digestion; on lui donne alors la désignation de *chyme*. A sa sortie de l'estomac, la substance alimentaire rencontre un autre fluide, la *bile*, dont le rôle consiste à transformer la nourriture en une masse pulpeuse, de consistance uniforme, appelée *chyle*, et dans cet état elle est capable d'entretenir la vie. Une quantité innombrable de petits vaisseaux, nommés *lactés*, garnissent les parois internes des intestins et absorbent les parties nutritives de l'aliment; les vaisseaux lactés aboutissent à de plus grands vaisseaux et versent leur contenu dans le sang, qui fait ensuite circuler dans toutes les parties du corps les éléments vitaux.

43. Chaque mouvement, chaque effort d'un animal donne lieu à une certaine usure du corps, à une déperdition que le sang a pour fonction de réparer. Plus l'exercice de l'animal est violent, plus la déperdition est considérable et plus elle nécessite une restauration alimentaire proportionnée. Si l'on mé-

connaît cette circonstance, l'animal se débilitera peu à peu et finira par succomber. Ce ne sont pas seulement les substances azotées qui éprouvent une déperdition dans le cas d'un exercice forcé ; les aliments de respiration participent aussi à la perte effective. Ainsi, quand les inspirations pulmonaires sont fréquemment répétées, l'animal est essoufflé ; une plus grande quantité d'oxygène s'introduit dans les poumons, où il se transforme en acide carbonique par l'action des éléments carbonés. Il se produit alors une véritable combustion due à la présence de l'oxygène sur le carbone, et dont la chaleur, causée par la fatigue, est une preuve évidente. Au contraire, un animal robuste au repos, recevant des rations alimentaires abondantes, et surtout s'il est placé dans des conditions de température favorables, consomme beaucoup plus d'aliments qu'il n'en a besoin pour réparer la faible déperdition qu'il éprouve ; il prend alors de l'embonpoint, *il fait de la viande*, comme on dit vulgairement. Comme sa respiration est lente, il ne consomme qu'une petite partie du carbone de ses aliments, et la quantité qui n'est pas dépensée s'accumule dans ses tissus sous forme de chair et de graisse.

44. Le cultivateur doit tenir compte de ces phénomènes physiologiques et savoir en tirer parti. Les chevaux doivent être bien tenus, bien pansés et être logés dans des étables suffisamment ventilées ; il faut leur fournir des rations de bonne qualité et en proportion du travail qu'ils effectuent. Les vaches, les moutons, les porcs doivent également recevoir de bons soins et une alimentation régulière et abondante. Car, s'ils sont négligés, exposés à la froidure ou abandonnés sur des pâturages maigres et infertiles, ils trouveront à peine une nourriture suffisante

pour entretenir la chaleur nécessaire à leur corps et pour réparer les déperditions normales. Non-seulement ils ne produiront aucun profit à leur maître, mais ils seront encore une source de pertes désastreuses.

CHAPITRE VIII

Engrais et assolements

SOMMAIRE. — Importance des engrais. — Production par le bétail. — Valeur de l'ammoniaque. — Production d'engrais dans une ferme. — Importance de la restitution au sol. — Traitement des fumiers. — Engrais liquides. — Guano. — Os. — Superphosphate. — Engrais concentrés. — Assolements. — Exemples de rotations. — Choix d'assolement suivant le climat.

LES ENGRAIS

45. On connaît sous ce nom les matières qu'on répand dans le sol et qui sont susceptibles de favoriser le développement des récoltes. Les éléments essentiels à la production des plantes existent naturellement dans l'atmosphère et dans le sol en quantité suffisante pour entretenir la végétation normale ou spontanée; mais l'agriculteur a besoin de recueillir des produits plus abondants que ceux de la végétation spontanée. Il a donc transformé les maigres racines de la betterave, du navet, de la carotte, etc., en volumineux réservoirs d'alimentation pour son usage et pour celui de son bétail; et pour entretenir l'état de perfectionnement des plantes industrielles, il est nécessaire de fournir aux récoltes une quantité d'aliments plus considérable que celle qui se trouve répandue dans la nature à l'état spontané; aussi le cultivateur doit-il attacher

la plus grande importance à se procurer des engrais, qui sont les matières premières de son industrie.

Il se perd journellement dans les villes, dans les villages, et même dans la plupart des fermes, des quantités de matières fertilisantes qui, convenablement recueillies et appliquées aux cultures, pourraient élever puissamment le niveau de notre production agricole. L'emploi de quelques substances connues sous le nom d'engrais concentrés peut également contribuer à la prospérité de notre agriculture, tels sont le guano, les os d'animaux, les tourteaux oléagineux, etc., dont le prix actuel quoique élevé ne laisse pas que de produire des bénéfices à ceux qui les emploient judicieusement concurremment avec les fumiers de ferme.

46. Le cultivateur qui veut obtenir une quantité suffisante d'engrais doit entretenir un nombre de bestiaux proportionné à l'étendue de sa ferme, et leur fournir des rations alimentaires de bonne qualité. Beaucoup de gens s'imaginent que cela ne se peut faire qu'avec une dépense qui dépassera le revenu qu'on peut espérer des animaux; mais tout le succès d'une semblable exploitation dépend de l'espèce du bétail et des soins qu'on lui donne, en mettant de côté les cas d'accidents ou d'épizooties. Une étable de bestiaux d'espèce commune, de race chétive, et dont le développement s'est trouvé enrayé par l'abstinence dans la jeunesse, ne profitera que d'une manière insignifiante d'une alimentation qui suffirait à l'engraissement d'animaux de race améliorée. Tel troupeau, qui dans les mains d'un homme ignorant et incapable ne donnera que des pertes, peut, au contraire, produire de grands profits dans celles d'un cultivateur intelligent et soigneux.

17. Les savants croient que la valeur fertilisante des engrais de nature organique repose particulièrement sur les phosphates de chaux et les alcalis qu'ils contiennent, mais surtout sur leur proportion en ammoniaque. Le bon guano du Pérou, estimé le plus énergique des engrais, contient 16 p. 100 d'ammoniaque; en l'évaluant à 25 fr. les 100 kilos, on calcule que la valeur de l'ammoniaque représente une somme de 20 fr. dans ce prix; en d'autres termes, que chaque kilo d'ammoniaque contenu dans le guano vaut 1 fr. 25 c. M. Boussingault a trouvé dans un bon fumier de ferme quatre millièmes d'ammoniaque, soit sur 1,000 kilos 4 kilos d'ammoniaque valant ensemble 5 fr., ou seulement le quart de ce que contient un sac de bon guano. Mais combien n'éprouve-t-on pas de diminution dans cette composition quand on néglige de recueillir convenablement les fumiers, et qu'on laisse la paille se pourrir dans les cours à l'exposition des eaux pluviales qui les dépouillent de leurs meilleurs principes de fertilité? Un millier de kilos de paille ne contient pas plus de 4 kilos d'azote; mais la pluie augmente quatre fois le poids de la paille et en même temps multiplie les frais de conduite aux champs d'un engrais que l'eau n'a certes pas amélioré. Au lieu d'un seul poids de 1,000 kilos de paille, on obtient ainsi environ 5,000 kilos de fumier dont chaque 1,000 kilos ne contient plus qu'un cinquième du poids d'azote qui s'y trouvait primitivement.

Il existe encore d'autres préjugés non moins absurdes que celui qui fait croire que la pluie peut changer la paille en fumier. Ainsi l'on voit des ignorants qui exposent leur tas d'engrais dans des cours ou sur des chemins où les eaux d'alluvion viennent journellement le baigner et lui enlever les éléments solubles les plus utiles. D'autres mettent leur fumier en tas et la fermentation qui s'y développe entraîne dans l'air les gaz les plus précieux, l'azote et le carbone. H. Davy s'est assuré que la vapeur qui se dégage d'un tas d'engrais, étant conduite au moyen d'un tube à la portée des racines d'une plante, provoque le développement de la végétation. Des expériences agronomiques souvent répétées ont prouvé qu'une meule de fumier perd par la fermentation, dans l'espace de quatre mois, les deux tiers de l'azote qu'elle contient, la moitié de son poids et la même proportion de ses matières solubles. Le véritable moyen d'éviter une déperdition si énorme, c'est de nourrir le bétail dans des cases séparées appelées *boxes*, et d'enfouir le fumier dans les champs immédiatement après le curage de ces boxes. Cette pratique peut s'exécuter avec profit dans tous les terrains suffisamment assainis et en bon état de culture. Les savants du continent ont démontré depuis longtemps que l'argile et même les terres de consistance moyenne ont la propriété d'emmagasiner les substances organiques, de façon à ne plus laisser craindre que les eaux des pluies pussent les laver et les entraîner du sol.

Nous allons étudier ensuite quelle quantité de fumier peut être produite, par un bon système de culture, sur une ferme de 21 hectares (50 acres), et quel état de fertilité peut être entretenu par les engrais obtenus.

48. Supposons que cette exploitation agricole soit soumise au système d'assolement quinquennal et qu'on cultive chaque année 8 hectares 40 ares en céréales, autant en plantes fourragères, et 8 hectares 40 ares en récoltes sarclées, dont la moitié en récolte double ou dérobée. Admettons que la nature du sol se trouve dans une condition qui permette cet assole-

ment et que les récoltes sarclées soient des betteraves, navets, choux, carottes blanches et navettes ou colzas. De cette façon, les quatre cinquièmes de la ferme seront consacrés à la production d'aliments pour le bétail, et le produit des 8 hectares 40 ares de céréales sera destiné au marché, ne laissant à la ferme que ses pailles pour être converties en fumier. Ces 8 hectares 40 ares de céréales produiront, suivant une estimation moyenne, chacun 32 tonnes 1/2 (de 1,000 kilos) de paille, qui serviront à garnir les boxes de litière, et en total fourniront 150,000 tonnes d'engrais. Chacun des 16 hectares 80 ares consacrés à l'alimentation des animaux pourra fournir 5,000 kilos de nourriture sèche, dont moitié servira à l'entretien de respiration des animaux ou à la production du lait et de la viande; l'autre moitié, convertie en engrais, fournira au moins une nouvelle quantité de 150 tonnes. Nous aurons donc 300 tonnes de fumier ou 72,000 kilos pour chacun des 4 hectares 20 ares de récoltes sarclées.

Mais entrons un peu plus dans les détails et supposons que les récoltes sarclées se composeront de 1 hectare 68 ares de turneps de Suède, de 84 ares de betteraves, 42 ares de choux, 84 ares de carottes blanches, 42 ares de pommes de terre et 4 hectares 20 ares de navette. Les turneps, la betterave et les choux peuvent produire 60 tonnes par hectare; la carotte 30 tonnes, et la navette 17 tonnes. Nous aurons ainsi, sans tenir compte du produit des pommes de terre, 200 tonnes de racines à consommer sur la ferme, plus 20 tonnes de fourrages, et 70 tonnes de navette, 80 tonnes de trèfle pour nourrir en vert en été, et 30 tonnes de paille pour la litière; en tout 400 tonnes, qui, suivant l'estimation habituelle que le fumier de bestiaux nourris à l'étable s'élève aux trois quarts du poids de la nourriture consommée, nous donneront encore 300 tonnes. Toutefois, les grains produits par les 8 hectares 40 ares vendus à l'extérieur enlèvent au moins 250 kilos d'azote, et, sur les 750 kilos contenus dans les produits consommés par le bétail, admettons avec M. Boussingault que la sixième partie est perdue dans le fumier, il y aura encore là une autre perte de 250 kilos ou environ 400 kilos en total, lesquels, à 1 fr. 25 c. le kilo, feraient 500 fr. On voit donc que, pour éviter la détérioration du sol, il faudrait acheter chaque année des engrais étrangers pour une pareille somme de 500 fr., sur une ferme de 21 hectares, même dans ce système d'assolement, où plus des trois cinquièmes des récoltes sont consommés sur place par le bétail, et plus d'un autre cinquième employé en litière pour faire du fumier.

49. 100 kilos de tourteaux oléagineux contiennent environ 10 kilos d'azote, de sorte que, pour restituer à l'engrais la perte de cette substance, il serait nécessaire de fournir au bétail 8 ou 900 kilos de tourteaux, ou, si l'on préférait, de répandre 2,000 kilos de guano sur les 4 hectares 20 ares en récoltes sarclées, et 112 kilos sur chaque hectare de céréales. Par cette méthode rationnelle, le cultivateur pourrait espérer des récoltes qui donneraient assurément un revenu de moitié plus élevé qu'en suivant les usages de l'ancienne routine.

50. Nous avons dit plus haut que la meilleure manière de prévenir la déperdition des principes fertilisants des engrais consiste à nourrir le bétail dans des boxes et à enfouir le fumier dans les champs le plus promptement possible. Mais ce moyen n'est pas possible en toute saison, et alors il faut disposer le fumier sur une aire rendue im-

perméable par un bétonage, et dont l'inclinaison soit telle que le liquide qui s'écoule de la meule puisse se rendre dans une fosse à purin. Une pompe à bras, placée dans ce réservoir, sert à élever le purin et à le verser sur le tas de fumier, afin de lui rendre les pertes de l'écoulement et d'enrayer la fermentation. On peut encore conduire ce purin avec des tonneaux d'arrosement sur les trèfles et sur les éteules, etc. Plus le tas de fumier sera compact et tassé, moins il y aura de perte ou de décomposition, car ces deux mots sont synonymes. S'il était nécessaire de conduire l'engrais aux champs avant le temps du labourage, on devrait le mettre en tas bien pressé et recouvrir toute la surface de plaques de gazon ou de terre.

Engrais liquides.— Lorsque le bétail n'est pas nourri dans des boxes où se trouvent des fosses à fumier, il est essentiel d'établir une citerne où s'écoulent les déjections liquides. Si l'on ajoute à ce purin des fumiers solides, ou si l'on y répand de la poudre de tourteaux, on obtient un engrais d'une haute valeur. Sept à huit coupes de ray-grass d'Italie ont été obtenues dans l'espace de huit mois au moyen d'un arrosement d'engrais liquide administré après chaque fauchaison. La quantité d'urine produite par un animal dépend naturellement de l'espèce des aliments dont on l'entretient. On peut compter comme une moyenne une quantité de 20 à 24 litres par vingt-quatre heures pour une vache, et, comme l'analyse chimique donne environ 500 grammes d'ammoniaque par hectolitre d'urine, on trouve que la valeur produite sous cette forme par une vache, quand le recueillement est exactement fait, ne s'élève pas à moins de 60 francs par année.

51. Le **guano** est un engrais ainsi nommé au

Pérou, où il existe en immenses dépôts sur les îles des côtes de l'Océan. Ce sont les déjections des oiseaux aquatiques vivant de la pêche. On trouve des dépôts de même nature dans diverses régions du globe. C'est en raison de sa contenance en ammoniaque et en phosphate de chaux que le guano est estimé comme engrais. Celui qu'on recueille sur les côtes péruviennes, où les pluies ne tombent jamais et ne dissolvent pas ses éléments, contient en moyenne 16 p. 100 d'ammoniaque et 25 p. 100 de phosphate de chaux. En estimant l'ammoniaque à 1 fr. 25 c. le kilo et le phosphate à 15 c., on trouve que la valeur de cet engrais mérite une valeur de 25 à 26 fr. par 100 kilos. Quelques guanos extraits de contrées souvent visitées par les pluies ne contiennent que 4 p. 100 d'ammoniaque et ne méritent guère qu'une valeur de 10 fr. par 100 kilos.

52. Les **os** des animaux sont un engrais puissant qui prend place à la suite du guano péruvien. 100 kilos d'os non dégraissés contiennent 30 à 40 kilos de matières animales, dont les deux tiers sont formés de gélatine, qui est aussi riche en ammoniaque que le meilleur guano, et dont l'autre tiers représente de l'huile. On trouve dans ces mêmes os 50 kilos de phosphate de chaux, où l'acide phosphorique est presque aussi abondant que la chaux, 5 à 10 kilos de carbonate de chaux, une même quantité d'eau et 2 ou 3 kilos d'autres substances de moindre importance.

On prépare les os dans le commerce pour l'usage agricole, en les réduisant avec des moulins en morceaux d'un pouce, d'un demi-pouce, d'un quart de pouce ou même en poudre. On les répand ensuite sur les récoltes, particulièrement sur les cultures en lignes de betteraves et de navets. Les os ne sont doués que d'une solubilité très-faible, qui s'augmente toutefois en raison de leur état de plus grande division. On favorise leur dissolution en les mettant en tas mélangés avec des cendres humectées, et on laisse le tout subir une forte fermentation pendant quelques jours. Une décomposition partielle s'effectue par cet échauffement, et on les mélange ensuite avec des cendres sèches ou des terres pour les répandre sur le sol. On peut encore les convertir en biphosphate de chaux, en décomposant une partie de leur chaux par l'acide sulfurique ; on obtient ainsi du superphosphate d'une nature plus soluble, et dont une faible quantité suffit pour produire une bonne récolte. Sur des champs de qualité moyenne, il faut employer 15 hectolitres d'os cassés à 15 millimètres par hectare, ou seulement moitié de cette quantité d'os réduits en poudre ou en 8 millimètres de grosseur, si l'on a employé le traitement de la fermentation en tas avec des cendres. Mais, si l'on fait usage des os dissous, on peut obtenir d'excellentes récoltes en n'employant que 5 hectolitres par hectare.

Le superphosphate est préparé par des industriels souvent peu consciencieux qui vendent des produits adultérés assez difficiles à apprécier à la simple vue. L'agriculteur trouverait du profit à faire cette préparation lui-même. La meilleure méthode consiste à mettre dans un tonneau une quantité donnée d'os cassés en menus morceaux ou réduits en poudre ; on arrose le tout d'eau bouillante, de façon à garnir tous les intervalles ; ensuite on verse dans le tonneau une quantité d'acide sulfurique, environ le tiers du poids des os. La seule précaution que cette opération demande, c'est d'éviter les éclaboussures de l'acide, dont une seule goutte pourrait faire perdre la vue ; aussi doit-on, dans le cas de cette préparation, avoir toujours à sa portée un vase d'eau pure pour pouvoir baigner à l'instant la partie du corps qu'une imprudence ou un accident aurait atteinte. Les os se réduisent à l'état pâteux dans le courant d'une semaine; on les retire alors et on les mélange avec des cendres sèches ou de la terre. On peut les employer en compost dans d'autres fumiers ou avec des engrais liquides, même avec de l'eau ordinaire, ou bien les répandre sur les lignes ou billons.

53. Le **salpêtre** ordinaire ou nitrate de potasse, le nitrate de soude ou salpêtre du Chili, le sulfate d'ammoniaque, qui s'obtient surtout des usines à gaz, sont d'excellents éléments de fertilité qu'on emploie plus spécialement en poudrage sur les céréales et sur les prairies au commencement du printemps. Ils ne causent pas une grande dépense : une quantité de 60 à 120 kilos par hectare, mélangée au même poids de sel ordinaire, manque bien rarement de produire une amélioration de la récolte, qui s'élève plus haut que la dépense. Un mélange de l'une des substances précédentes avec une partie d'os pulvérisés est sans doute l'engrais le plus économique qu'on puisse substituer au guano du Pérou.

ASSOLEMENTS.

54. On donne ce nom au système de culture suivant lequel des récoltes de diverses natures sont produites alternativement d'après des règles méthodiquement adoptées. L'usage de cultiver le sol d'après le système triennal fut le seul répandu pendant plusieurs siècles sur toute la surface de l'Europe. On obtenait deux récoltes de céréales successives, et on laissait ensuite le sol en repos; on fumait plus ou moins cette jachère, et on recom-

mençait la culture des céréales. Il est facile de voir que cette méthode agricole était peu susceptible de produire des revenus élevés.

L'introduction de plantes étrangères, comme la pomme de terre, la découverte de quelques espèces perfectionnées par la culture, l'usage des récoltes racines, des plantes fourragères, enfin les progrès de la science agricole ont amené d'heureuses modifications dans le cours alternatif du vieil et improductif assolement triennal. Aujourd'hui ce système tend à disparaître devant les progrès de la civilisation et l'augmentation de la population.

55. S'il était possible d'obtenir des engrais en quantité suffisante, il n'y aurait aucune nécessité d'adopter un système d'assolement quelconque, et le cultivateur se contenterait de demander à la terre les récoltes qui conviennent le mieux au climat, à la nature du sol et aux débouchés de la consommation. On a des exemples de champs qui, situés à la proximité de quelque grande ville, produisent tous les ans la même récolte : pommes de terre, oignons, chanvre, etc.; les voyageurs affirment qu'au Pérou, grâce à l'emploi du guano, les mêmes champs produisent des récoltes de maïs, sans interruption, depuis un temps immémorial. Mais la facilité de se procurer des engrais suffisants n'existe que dans un petit nombre de localités, et l'agriculteur a dû chercher dans la variation et l'alternance des cultures des moyens capables de produire les plus grands revenus avec la moindre dépense d'engrais.

56. Parmi les différents systèmes d'assolement en usage aujourd'hui, l'un des plus généralement adoptés est celui qu'on nomme quadriennal (ou de Norfolk). Il consiste à cultiver moitié d'une ferme

en céréales et moitié en plantes destinées à la consommation des bestiaux. Dans la rotation de ce système, le quart des terres du domaine reçoit tous les engrais produits dans l'année sur une culture de récoltes sarclées, soit betteraves, turneps, etc.; on sème une céréale sur cette sole en même temps que du trèfle ou d'autres plantes fourragères pour la troisième année, et, sur le trèfle retourné, on fait la semaille du froment, après lequel la rotation recommence. Si la sole de plantes fourragères dure deux années, cet assolement devient quinquennal (ou de cinq ans). On adopte quelquefois la rotation de six ans sur les domaines de terres fortes de bonne qualité; elle consiste :

1re année, avoine sur sole de plantes fourragères retournées.
2e — récoltes sarclées, toujours fumées.
3e — froment.
4e — fèves, avec engrais.
5e — froment, avec semences fourragères.
6e — plantes fourragères.

Toutefois, comme dans cet assolement il y a deux soles qui reçoivent l'engrais, les plantes-racines et les fèves, on pourrait plus correctement l'appeler assolement triennal modifié. Si l'on conservait la sole de plantes fourragères pendant deux ans, on aurait alors un assolement septennal. Il y a quelques contrées où l'on obtient de bonnes récoltes, pendant une longue suite d'années, de froment et de fèves ou de froment et de pommes de terre; mais un système d'assolement aussi épuisant et aussi productif ne peut avoir lieu qu'au moyen d'une masse d'engrais achetés à l'extérieur. En consultant le tableau (§ 17) des substances enlevées au sol par chacune des récoltes, on peut calculer exactement quelle est l'extraction annuelle des matières contenues dans la récolte d'un hectare cultivé en froment, avoine, fèves, betteraves, etc.

Les chimistes agronomes pensent que ces substances sont indispensables à la prospérité des récoltes, et, comme le sol n'en contient pas des quantités infinies, il est vraisemblable qu'un champ constamment appauvri de ces éléments doit, dans un temps plus ou moins long, s'il n'y a pas de restitution, devenir tout à fait infertile. La théorie des assolements repose donc sur l'idée qu'il faut rendre à la terre l'équivalent de ce qu'on lui enlève, et c'est de l'équilibre de cette balance que dépend tout le succès de l'industrie agricole. Dans l'état actuel de la science, et en attendant que les savants aient découvert les vrais principes d'une rotation basée sur la composition des récoltes, ce que le cultivateur doit s'efforcer d'obtenir, c'est d'avoir des champs bien assainis, bien ameublis, et de produire une grande quantité d'engrais pour développer d'abondantes récoltes sarclées. Dans de semblables conditions, le choix d'un assolement peut laisser une grande latitude au cultivateur.

57. On doit dans tous les cas, pour le choix d'un assolement, tenir compte du climat plus ou moins favorable à telle ou telle culture. L'homme n'a guère de moyens pour s'opposer aux effets atmosphériques; toutefois, il n'est pas absolument désarmé en face des éléments, et il peut prévenir les accidents jusqu'à un certain point. Ainsi il peut abriter les terres trop exposées aux vents par des plantations judicieusement établies; il peut assainir et réchauffer les champs trop humides par l'opération du drainage, dont l'effet n'agit pas seulement à l'intérieur, mais aussi à l'extérieur, en diminuant l'évaporation des

eaux à la surface. Certaines plantes ne peuvent réussir qu'avec des conditions particulières de chaleur, d'élévation et quelquefois d'humidité. Un cultivateur intelligent doit étudier les circonstances climatériques de la région qu'il habite; il doit s'appliquer à la culture des plantes qui lui offrent le plus de chances de réussite; si les céréales sont exposées à trop d'accidents, il peut choisir des végétaux plus robustes, des prairies, des plantes-racines, du lin, etc. Rien n'est donc absolu dans l'agriculture, et l'homme intelligent doit surtout s'efforcer de se faire aider dans ses travaux par la nature.

DEUXIÈME PARTIE

PRATIQUE DE L'AGRICULTURE

CHAPITRE IX

Sommaire. — Nécessité de la pratique agricole. — Conditions de réussite. — Du capital de faire-valoir. — Améliorations possibles. — Des abris et clôtures. — Plantations. — Importance du drainage. — Drainage. — Défoncement ou sous-solage. — Irrigation. — Conditions favorables.

PRÉPARATION DES TERRES

58. Les connaissances théoriques de l'agriculture sont indispensables à celui qui veut se consacrer à cette industrie, et ces connaissances peuvent s'apprendre dans les livres qui traitent de la science agricole; mais la pratique et la vérification de la théorie ne peuvent s'acquérir que dans une exploitation rurale bien tenue. L'agriculture est une science expérimentale dont tout le succès repose sur l'application de la pratique à la théorie; c'est donc seulement en suivant les travaux d'une ferme qu'on peut vérifier les résultats des méthodes rationnelles, et remplacer les usages de l'ancienne routine par les procédés plus productifs de l'agronomie progressive. Tel est le but de l'institution des fermes-écoles, et l'on peut prédire que la nation qui possèdera plus promptement des écoles, où la classe des petits culti-

vateurs pourra faire l'apprentissage d'une profession trop longtemps abandonnée à la routine, atteindra le plus haut degré de prospérité.

Avant d'aborder la description des opérations ordinaires de l'agriculture, il convient d'examiner les raisons qui peuvent offrir de l'importance dans le choix d'une ferme, soit sous le rapport des améliorations nécessaires à la production d'un bon revenu, soit en ce qui regarde l'introduction des instruments employés dans les travaux agricoles.

59. Les conditions auxquelles il faut attacher le plus d'importance dans l'entreprise d'une exploitation rurale sont de diverses natures. C'est d'abord la qualité du sol qu'il faut considérer autant que possible; ensuite la proximité d'un marché pour l'écoulement des produits; la nature des voies de transport, soit ligne de fer, soit cours d'eau, ou du moins de bonnes routes de terre. Ce qui n'est pas moins important, c'est la présence d'une source d'eau de bonne qualité, et une disposition de bâtiments de ferme en bon état et d'une surveillance facile. Assurément, la réunion de ces conditions dans un domaine a pour effet d'augmenter la valeur foncière, et par conséquent le prix du fermage s'il s'agit d'une propriété à prendre en location; mais il ne faut pas hésiter à donner une rente plus élevée pour entrer en jouissance d'un domaine réunissant ces heureuses conditions. Des terres de bonne qualité peuvent produire deux ou trois fois plus que des champs médiocres, et ce résultat s'obtient avec une moindre dépense de travail et même de semences. La facilité des transports vers un lieu de débouché diminue aussi le prix de production des récoltes, ou, ce qui revient au même, augmente la valeur des produits conduits au marché; une disposition favorable des

bâtiments d'exploitation amène des avantages non moins sensibles. Les domaines qui réunissent toutes ces conditions sont assez peu nombreux, et l'on rencontre plus souvent des terrains peu fertiles, dans de malheureuses situations, et même quelquefois dépourvus de bâtiments convenables ou suffisants. Il faut toutefois tirer parti de ces conditions défavorables, et c'est particulièrement dans des circonstances difficiles que l'homme intelligent trouve le moyen de déployer son énergie, et même de réaliser des bénéfices. Mais, avant de se risquer dans une telle entreprise, le cultivateur doit calculer les chances possibles d'obtenir une rémunération de son industrie et de son capital. Presque tous les domaines dont la situation n'est pas favorable sont susceptibles de devenir productifs au moyen de quelques dépenses d'amélioration, et la valeur des sommes judicieusement employées pour arriver à ce résultat, loin d'être une perte pour le propriétaire, peut au contraire élever le revenu primitif.

60. L'étendue des terres d'une exploitation doit être en rapport avec la somme de capital dont le cultivateur peut disposer. Si le faire-valoir est hors de proportion avec la quantité des terres, il en résultera une culture incomplète, et les pertes qui se présenteront sur une partie insuffisamment exploitée dépasseront peut-être les bénéfices de la partie bien cultivée. Il vaut donc mieux consacrer ses travaux et son capital à la mise en valeur d'une étendue de terres plus restreinte que de les disséminer sur une surface que l'insuffisance de capital ne permet pas d'exploiter convenablement. Un fermier qui cultive un domaine au-dessus de ses forces rencontre la ruine au bout de ses efforts, tandis qu'il aurait pu recueillir des profits raisonnables sur une ferme proportion-

née à ses moyens. Tout le monde sait qu'un domaine de 20 hectares bien cultivé peut produire des récoltes qu'une ferme de 50 hectares ne rendrait pas dans d'autres conditions. On estime le faire-valoir nécessaire à une bonne exploitation de 400 à 500 fr. par hectare; mais les domaines qui produisent les plus hauts bénéfices annuels disposent en général du double de ces sommes, soit 800 à 1,000 fr. par hectare. Une considération essentielle pour le cultivateur, c'est d'avoir une quantité de terres suffisante pour qu'il puisse trouver en toute saison l'occasion de travailler. Si la quantité de champs dont il dispose ne peut l'occuper que pendant une partie de l'année, le chômage de son industrie absorbera les profits de son activité. Ces observations ne doivent pas être négligées quand l'exploitation est considérable. Le personnel d'une ferme doit être en rapport avec le travail qu'on peut y dépenser. Dans certaines contrées, des cultivateurs trouvent du bénéfice à cultiver les champs avec des instruments à bras. Évidemment, dans ce cas, la culture se rapproche de l'industrie horticole, et ne peut donner des profits qu'au moyen d'une production de plantes industrielles de haute valeur. L'exploitation avec des animaux, surtout avec des chevaux, passe pour celle qui procure le plus de bénéfice à l'exploitant. Néanmoins, dans quelques nations, le travail des bœufs, quoique plus lent, est plus généralement adopté, et est susceptible de produire de bons revenus.

61. Il n'y a guère de domaines ruraux qui ne puissent être améliorés, de façon à devenir plus fertiles au moyen de quelques travaux raisonnablement exécutés. Les terres situées en élévation ont souvent besoin d'être abritées contre la violence des vents;

celles qui manquent de profondeur exigent des travaux de défoncement; le drainage assainit les champs qui retiennent trop d'humidité. Il peut encore se trouver qu'au moyen d'un cours d'eau détourné il soit possible de transformer en prairies des terres dont le revenu subira de notables augmentations. Ces travaux d'amélioration, aussi bien que ceux qui s'appliquent aux bâtiments d'exploitation, sont d'une nature foncière, et comme ils doivent augmenter le revenu d'une propriété pour un espace de temps qui dépasse la longueur ordinaire d'un bail, ils doivent raisonnablement être effectués aux frais du propriétaire; mais le fermier doit payer la jouissance de ces diverses améliorations au moyen d'une rente annuelle représentant l'intérêt des sommes dépensées.

62. Les terres labourables, dont l'élévation au-dessus du niveau de la mer ne dépasse pas 100 à 130 mètres, ont rarement besoin d'être abritées; mais il est avantageux pour une ferme d'être d'un seul tenant, et d'être entourée d'un fossé ou d'une haie d'épines qui préserve les cultures des dégâts des bestiaux errants. Les défenses intérieures, principalement utiles quand le bétail est abandonné au pâturage, peuvent être des clôtures en perches ou en landage, qui ont l'avantage de ne pas employer une grande surface du sol. Des haies vives qu'on taille chaque année, et qui ne doivent jamais dépasser la hauteur d'homme, conviennent parfaitement pour clôtures de division.

63. Les champs ou les pâturages qui sont situés dans des lieux élevés et exposés aux vents doivent être protégés par des plantations en lisières ou en massifs disposées de façon à briser le courant des vents dominants dans la contrée. Ces plantations

peuvent varier en étendue et en largeur, depuis l'espace de quelques mètres jusqu'à des centaines de mètres. Il faut choisir des essences d'arbres suivant la nature du sol et l'exposition, et adopter les espèces qui réussissent le mieux dans chaque climat; les bois résineux conviennent parfaitement dans les terrains secs; les érables, les pins d'Écosse prospèrent bien dans les terrains humides. Leur présence suffit quelquefois pour absorber l'humidité du lieu quand elle n'est pas trop considérable; dans ce dernier cas, il faut assainir le sol par des fossés d'écoulement, sans lesquels il est impossible d'espérer une végétation heureuse. On doit choisir pour les plantations des arbres robustes, munis de fortes racines et de l'âge de trois ans; les trous doivent être préparés en bonne saison, et à la distance de quatre pieds en tous sens.

64. Il est impossible de cultiver avec profit les terres qui retiennent l'humidité en tout temps; l'action de l'air ne peut pas s'accomplir à travers l'eau stagnante, et les phénomènes chimiques de la végétation des plantes se trouvent paralysés. L'influence de la chaleur du printemps, qui est essentielle au développement de la fécondité du sol, ne se manifeste pas dans des terres qui restent à l'état de basse température qu'entretient l'évaporation aqueuse. Les plantes qui croissent dans des sols constamment humides, même celles de nature fourragère, ne produisent que des herbages de mauvaise qualité, souvent même d'un usage dangereux. Dans de telles conditions, le cultivateur se trouve dans l'alternative ou d'assainir ses champs par l'opération du drainage, amélioration nécessaire et dispendieuse, ou d'abandonner des terres infertiles qui ne sont pas susceptibles de donner le moindre rapport.

65. La première condition pour établir un drainage, c'est d'obtenir une pente suffisante pour l'écoulement général des eaux; on est quelquefois obligé d'approfondir le ravin ou le cours d'eau qui dessert naturellement un canton; ensuite on établit un drain principal ou collecteur à l'endroit le plus abaissé des terrains, c'est-à-dire à la base des dépressions du sol. Le drain collecteur ne doit pas, autant que possible, avoir moins de 1 mètre 30 centimètres de profondeur; sa largeur à la base varie suivant la nature des drains qu'on emploie. Pour des tuyaux en poterie, une largeur de 10 à 12 centimètres est ordinairement suffisante; mais si l'on fait usage de tuyaux en bois, ou de pierres, il faut donner à la base une largeur d'au moins 30 centimètres et recouvrir les drains avec des ardoises, des tuiles ou des fagots. Les petits drains commencent au collecteur auquel ils aboutissent en formant un angle droit, et on les dispose suivant la pente du terrain, en lignes parallèles, et de façon à ce qu'ils aient 10 à 12 centimètres de moins de profondeur que le collecteur; leur écartement varie de 10 à 20 mètres, suivant la nature du sol à drainer. Quand le terrain est perméable, comme il arrive dans les sables ou les graviers secs, quelques tuyaux situés à une bonne profondeur peuvent assainir une grande surface; mais s'il s'agit d'un champ dont le sol et le sous-sol soient imperméables, comme dans les argiles compactes, il est nécessaire d'établir des lignes de tuyaux très-rapprochées les unes des autres. C'est quand le champ est en plantes fourragères qu'il est plus convenable d'exécuter le drainage; on commence par ouvrir les petits drains qui n'ont pas besoin, si l'on emploie des tuyaux de poterie, d'avoir à la base de la tranchée plus de 8 centimètres de largeur; on rejette sur le même côté les terres du

sol et celles du sous-sol, mais sans les mélanger, et on nettoie parfaitement la base de la tranchée qui doit être bien nivelée. Les drains peuvent être faits ou de tuyaux en argile bien cuite ayant un trou de 4 à 6 centimètres, ou de pierres dures cassées de la largeur des rails de chemins de fer, ayant de 22 à 27 centimètres sur 11 à 13 centimètres, ce qui devra suffire. En plaçant ces pierres, il faut avoir grand soin de ne pas laisser tomber dans le canal des terres ou des débris de cailloux. On répand sur les tuyaux ou sur les pierres quelques centimètres de terre argileuse qu'on comprime fortement, puis on recouvre d'abord avec les terres du sous-sol et ensuite avec celles de la surface. La dépense totale d'un hectare bien drainé peut s'élever à 250 fr.; mais souvent elle ne va pas plus haut que 200 fr., et il faut que la terre soit de bien mauvaise qualité ou que le drainage n'ait pas été de toute nécessité dans un terrain qui ne produirait pas une récolte annuelle supérieure à l'intérêt du capital dépensé pour établir ce genre d'amélioration.

Un drainage bien exécuté fait disparaître l'eau stagnante, permet à l'air de pénétrer dans le sol, développe une végétation nouvelle et fait profiter la terre de toutes les pluies qui tombent sur le sol; mais pour que l'on retire tous les avantages de cette amélioration, il est nécessaire de favoriser l'accès d'une plus grande quantité d'air dans le sol, ce qui s'obtient en augmentant la profondeur du sol arable par des défoncements ou ce qu'on appelle le sous-solage.

66. Cette nouvelle opération s'effectue l'année qui suit l'établissement du drainage, en brisant le sous-sol à la profondeur de 35 à 60 centimètres; on se sert à cet effet d'une charrue très-forte, sans versoir,

appelée *fouilleuse*, qu'on promène dans le sillon de la charrue ordinaire, de façon à trancher le sous-sol sans ramener de terre à la surface. On rencontre quelquefois dans le sous-sol de grosses pierres détachées, appelées *boulders*, qui rendent l'usage de la fouilleuse impossible; dans ce cas, il faut opérer le défoncement à bras; on ouvre une tranchée d'environ 1 mètre de largeur, et l'on rejette les terres d'un côté du champ, à la profondeur de 33 à 40 centimètres; on défonce le sous-sol avec une barre à mine ou un pic, puis on remplit la seconde tranchée, ouverte à la même distance d'un mètre, avec les terres enlevées à la première, et on continuera l'opération de cette manière, en ayant toujours soin que les terres du sous-sol ne soient pas déposées dans la surface arable. Toutes les pierres dont le volume pourrait gêner le labourage ordinaire sont ainsi ramenées à la surface et doivent être enlevées du champ. La charrue fouilleuse, attelée de quatre bons chevaux, peut, dans un sol d'une résistance modérée, défoncer dans une journée de travail 25 à 35 ares, et la dépense de cette amélioration ne s'élève guère au delà de 50 fr. par hectare; mais le défoncement à bras revient ordinairement à un prix quatre fois plus élevé.

67. Lorsqu'un domaine est traversé par un cours d'eau, il est souvent possible d'en tirer un excellent parti pour l'irrigation au moyen de dépenses peu considérables; il suffit dans ce cas d'établir un barrage qui élève le niveau de l'eau à une hauteur dépassant celle des terres de façon à ce que l'irrigation puisse se faire par la propre pression du liquide sur des champs en nature de prés; à cet effet, on tire sur la partie la plus élevée du sol des rigoles étroites où l'on fait circuler lentement le li-

quide, et on fait aboutir les rigoles dans la partie du pré qui a la plus grande dépression, dans un canal qui déverse l'eau dans la rivière. Les rigoles doivent avoir une section très-étroite, mais une profondeur suffisante pour pouvoir drainer l'eau qui reste après chaque irrigation ; on abaisse alors de petites écluses qui donnent accès aux rigoles et on ouvre celles qui aboutissent au canal de dérivation quand l'irrigation a été suffisante. On peut ramener l'eau dans les rigoles de la prairie dès que les foins ont été rentrés, et l'y laisser séjourner une semaine. Du reste, cette distribution doit être réglée d'après la température plus ou moins sèche, et depuis le commencement de mai on peut donner à la prairie des doses d'arrosages intermittentes ; mais pour que cette opération soit profitable, il faut ne pas perdre de vue : que le rigolement doit être établi de façon à ce que la prairie devienne sèche aussitôt qu'on a suspendu l'arrosement ; qu'il faut éviter toute stagnation d'eau dans une partie quelconque de la prairie ; que l'arrivée du liquide doit se faire lentement et régulièrement ; enfin, qu'il ne faut pas laisser séjourner l'eau trop longtemps, ce qui pourrait nuire à la qualité des fourrages et à leur croissance.

68. Toutes les eaux courantes, à l'exception des eaux marécageuses, peuvent être utilisées avec profit dans l'irrigation. Si les eaux d'égout d'une ville ou d'un village, ou si les écoulements des fumiers de quelques cultivateurs négligents sont venus se jeter dans le cours d'eau qu'on emploie à l'irrigation, les qualités fertilisantes s'en trouveront fort augmentées. De cette façon, une prairie se maintient dans un état de constante fertilité, non-seulement sans rien soutirer des engrais de la ferme, mais au contraire en ajoutant tout son produit à la consommation du domaine.

CHAPITRE X.

Instruments d'agriculture

SOMMAIRE. — La bêche. — La charrue. — Le scarificateur. — Les herses. — Les rouleaux. — Les brise-mottes. — Les rouleaux-billonneurs. — Les semoirs. — Les plantoirs. — Les houes à cheval. — Les moissonneuses. — Les machines à battre. — Instruments divers.

69. La **bêche** est l'instrument agricole le plus employé dans la petite culture. Chaque pays a adopté une forme particulière pour cet ustensile, et le choix a probablement été fixé par la nature spéciale du sol. Dans quelques cantons, on emploie une bêche à trois dents, avec un manche plus ou moins allongé. Il n'est pas utile de dire que le travail produit par un ouvrier armé d'une bêche revient plus cher qu'avec tout autre instrument d'une plus grande puissance. C'est un outil particulièrement convenable pour les travaux du jardinage, et un bon bêchage vaut mieux que le meilleur labour. Mais son usage est restreint à un système de culture spéciale, et ce n'est pas dans un pays où la densité de la population ne laisse pas assez de bras à l'agriculture qu'on pourrait recommander son adoption. Il faut toutefois mentionner que les pays de petite culture qui obtiennent peut-être le plus haut revenu du sol, par exemple la Flandre et la Lombardie, se servent avantageusement de la bêche dans tous leurs travaux. Cette circonstance tient à la division de la pro-

priété et quelquefois à la situation des terres, qui présente trop de difficultés à l'accès de la charrue.

70. La **charrue** est l'instrument agricole dont l'emploi offre le plus d'importance. Bien des changements ont eu lieu dans la construction de cet instrument, depuis le crochet en bois pointu traîné sur le sol par les bœufs des premiers âges de la civilisation, et même depuis la charrue qu'on trouve encore dans quelques pays arriérés, et qui contient à peine quelques morceaux de fer, jusqu'à ces belles machines construites d'après les indications de la science, qui remportent les prix des concours et des expositions d'agriculture (1).

Dans tous les pays avancés dans les progrès agricoles, on emploie la charrue entièrement construite en fer, qui produit une plus grande somme de travail et éprouve moins d'accidents que les charrues en bois. Tantôt on adopte des machines munies d'avant-train, avec une ou deux roues; d'autres cultivateurs préfèrent les charrues simples, sans avant-train, qu'on nomme *araires*. Ce qu'il faut surtout préférer dans ce genre d'instruments, c'est celui qui donne le moins de tirage et qui produit le meilleur guéret avec la moindre dépense de force. On se sert pour ces expériences d'un dynamomètre, qui indique exactement la force employée dans le tirage, et, d'après les indications de cet instrument, on construit des charrues munies de versoirs, qui renversent parfaitement la bande de terre et qui n'en entraînent aucune partie.

Une charrue à double versoir dite aussi *tourne-*

(1) Nous donnons ici la figure de la charrue Parquin, qui jouit d'une grande réputation en France, et la charrue universelle de Ransomes et Cie (*fig. 1 et 2*).

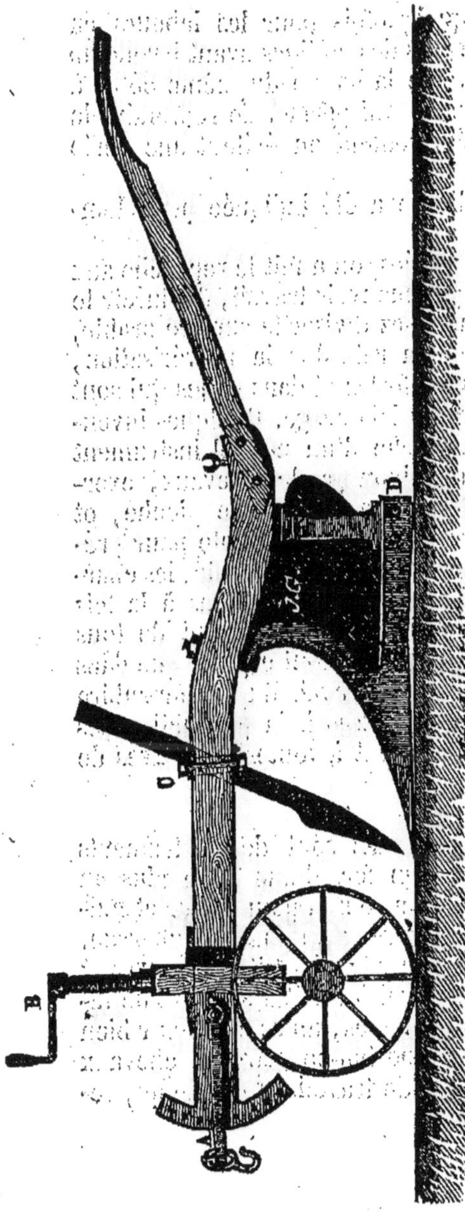

Fig. 1. — Charrue Parquin.

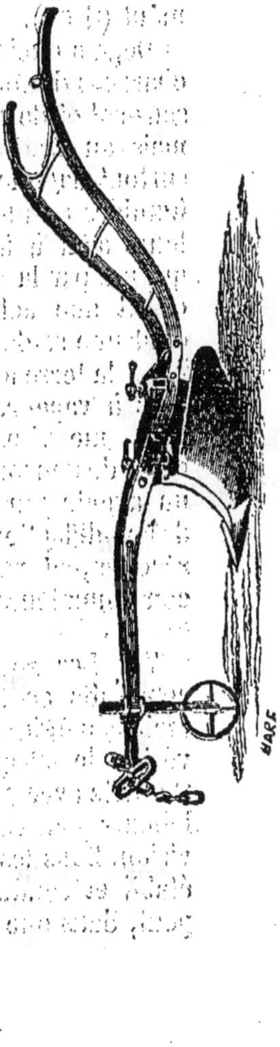

Fig. 2. — Charrue universelle de Ransomes et Cie.

oreille s'emploie quelquefois pour les labours en travers, sur les versants des collines ayant beaucoup de pente; elle renverse la bande du même côté, à l'aller et au retour, ce qui permet de reprendre la même raie sans déplacement en évitant une perte de temps aux chevaux.

La charrue fouilleuse a été indiquée précédemment (§ 66).

Depuis quelques années, on a fait le reproche aux charrues de fournir un mauvais travail, de durcir le sous-sol et de ne pas assez diviser la surface arable, mais au contraire d'en retarder la pulvérisation, surtout dans les terres fortes et dans celles qui sont humides au moment du labourage. Quelques inventeurs sont à la recherche d'un nouvel instrument qui mû par la vapeur, sinon par les chevaux, exercerait une action à la manière d'une pioche, et dont une seule opération serait suffisante pour préparer la terre à recevoir la semence. Enfin, les charrues à vapeur, qui tracent quatre sillons à la fois avec une vitesse considérable, reçoivent de tous côtés des encouragements qui font espérer que dans un avenir peu éloigné, le travail du labour subira des modifications avantageuses à la production des récoltes, et par conséquent à toutes les classes de consommateurs.

71. Les **scarificateurs** sont des instruments construits en bois ou en fer, d'une force plus ou moins énergique, dont on se sert pour briser et pulvériser le sol qui a déjà reçu un coup de charrue. On évite avec ces machines la nécessité de nouveaux labours pour réduire le sol à un état suffisant de division. Dans les bonnes terres, un scarificateur bien établi et conduit par une bonne paire de chevaux peut, dans une journée de travail du printemps, re-

muer la surface d'environ 2 hectares ayant été labourés dans l'automne précédent. Cet instrument coûte à peu près 75 fr. (en Angleterre), et il met le sol dans un état de division plus complète que ne le ferait un double labourage croisé. On se sert quelquefois, dans les grandes exploitations, de scarificateurs très-puissants qu'on nomme *cultivateurs* (*fig. 3*). On emploie aussi des instruments de même espèce, mais plus légers, qu'on fait passer, comme des bineuses, entre les lignes des récoltes sarclées.

Fig. 3. — Cultivateur Coleman.

72. Les **herses** sont en usage pour diviser la surface des terres qui ont reçu un coup de charrue ou de scarificateur. On en construit tout en fer, ou seulement avec les dents en fer et les cadres en bois. Les premières, quoique coûtant plus cher, durent plus longtemps, et leur usage avec le temps produit ordinairement une grande économie. Quant au travail de l'un et de l'autre instrument, s'il est toute-

fois bien établi, il est le même dans les deux cas. Une bonne herse doit avoir un nombre de dents suffisantes et disposées de manière que chacune d'elles agisse sur une partie séparée du sol. On en établit de toute dimension et de toute puissance; celles qui sont destinées à recouvrir les semences de plantes fourragères doivent être très-légères et pouvoir se traîner par un petit cheval. Celles qui sont employées dans les terres très-fortes sont au contraire très-pesantes, et on les attèle aux traits de quatre chevaux. On a remplacé cette dernière espèce depuis quelques années par la herse norwégienne, composée d'anneaux à plusieurs dents, ordinairement cinq, qui

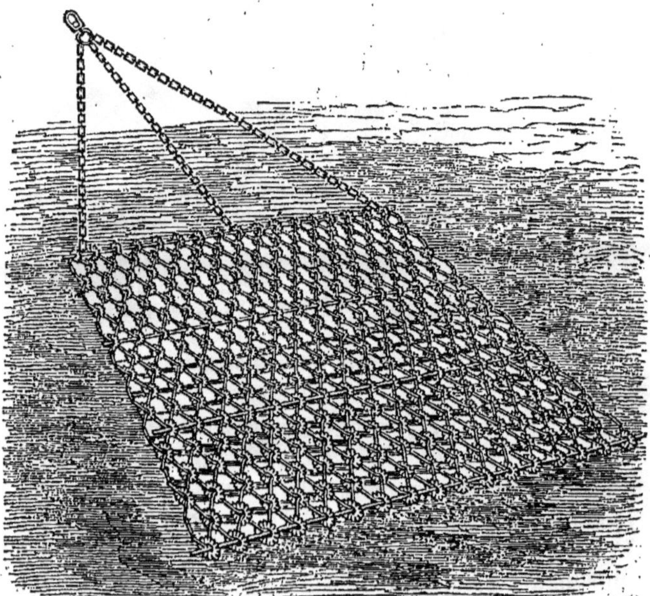

Fig. 4. — Herse à mailles, de MM. Cottam et Hallen, de Londres.

garnissent trois axes séparés et qui pulvérisent le sol avec une grande énergie. On emploie avantageusement, pour recouvrir les semences fines des prairies, une herse composée d'un grand nombre de petits disques qui agissent par la révolution de leur circonférence et qui mettent le sol dans un état remarquable d'ameublissement. On leur donne le nom de *herses-tissu* (web-harrow) ou herses à mailles (*fig. 4*).

73. Les **rouleaux** sont des cylindres de bois ou de fonte, destinés à briser les mottes qui ont résisté à l'action de la herse. Les plus utiles sont ceux de fonte, et ils doivent toujours être formés de deux ou trois morceaux. Ils écrasent particulièrement les mottes, mais seulement quand celles-ci sont dans un grand état de sécheresse. Comme ils produisent une pression sur le sol quand la terre est humide, ils font un mauvais effet en polissant la surface. On s'en sert avantageusement pour *plomber* et niveler les champs après la semaille des céréales de printemps, du lin et des graines fourragères. Quant à la pulvérisation du sol, ils sont inférieurs à l'instrument suivant.

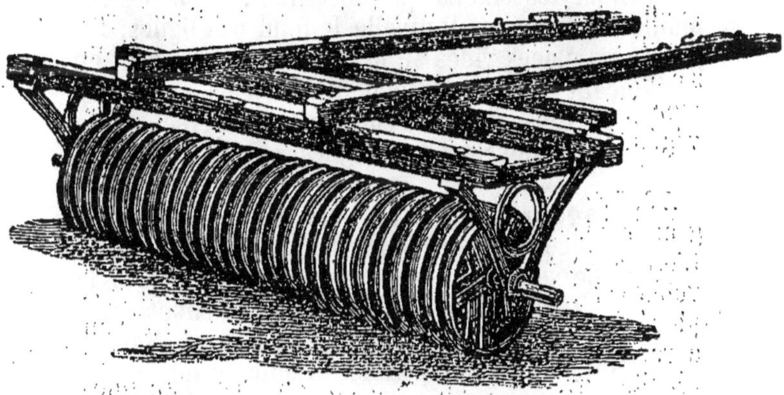

Fig. 5. — Rouleau squelette, de Cambridge.

74. Le **brise-mottes** est un instrument très-pesant, à peu près de la forme d'un rouleau, mais composé d'un grand nombre de cercles à bords aigus ou disposés en pointes, et enfilés librement sur un essieu (*fig.* 5). Le rouleau Croskill est le plus énergique de ces instruments, et il pulvérise les mottes les plus résistantes. Les dents sont disposées de façon à ce qu'elles produisent sur le sol la division qui résulte du piétinement d'un troupeau de moutons. La différence de prix entre cet instrument et les maillets à bras que les hommes et les femmes emploient encore dans certains pays argileux serait tôt couverte par l'augmentation de la récolte qu'il aide à produire. On emploie encore le rouleau brise-mottes au printemps pour détruire les insectes sur les récoltes; c'est le meilleur moyen de s'en débarrasser. Le même instrument prévient, dans une certaine mesure, les gerçures ou crevassements du sol.

75. Le **rouleau-billonneur** est un instrument à bords aigus, très-pesant, dont on fait usage pour comprimer les sillons qui doivent recevoir les semailles de froment. Il nivelle le fond des lignes, regarnit les places vides où la semence se perdrait en s'enfonçant trop profondément. On peut ensuite semer à la volée, donner un trait de herse, et la végétation se développe en lignes régulières.

76. Les **semoirs** prennent chaque année une plus grande place dans les bonnes pratiques agricoles. L'usage de semer le blé et les autres graines à la volée est très-ancien et généralement encore employé dans le plus grand nombre de fermes. Mais on a reconnu qu'il était possible d'obtenir de bonnes récoltes avec une quantité de semence bien inférieure à celle qu'on emploie dans la pratique habi-

tuelle. Ainsi, le froment déposé dans des trous espacés de 8 à 10 centimètres produit d'aussi fortes moissons avec le cinquième ou le sixième de la semence qu'on dépense dans les semailles à la volée. C'est dans le but d'économiser la semence et d'éviter la perte de temps de la plantation à la main qu'on a eu l'idée d'employer des semoirs. Il existe diverses espèces de ces instruments dont le mécanisme principal consiste à distribuer la semence enfermée dans une boîte, au moyen de cuillers disposées sur un axe à révolution; chaque semence s'introduit dans un tube et descend sur le sol, où des couteaux de fer tracent un léger sillon que recouvre immédiatement une griffe. On fabrique des semoirs qui distribuent la semence sur trois, six ou un plus grand nombre de lignes, à des intervalles de 16 à 33 centimètres, et

Fig. 6. — Semoir à toutes graines, de Garrett.

à raison d'une quantité qui varie, par hectare, de quelques kilos jusqu'à 2 hectolitres. (Nous donnons (*fig. 6*) le dessin du semoir à toutes graines de Garrett.) Le semoir ordinaire à six distributeurs, attelé d'un cheval avec un ouvrier conducteur, peut emblaver dans une journée environ 4 à 5 hectares. Quelques semoirs sont établis pour distribuer l'engrais avec la semence, mais ils sont d'un prix trop élevé. Cette méthode est toutefois d'une si parfaite réussite, surtout pour les céréales de printemps, que le constructeur qui établirait une bonne machine de cette espèce à un prix peu élevé pourrait compter sur des placements très-nombreux, et rendrait en même temps un grand service à la classe des petits cultivateurs. Avec les semoirs ordinaires, on distribue habituellement le guano en même temps que les semences de froment.

Il y a des semoirs pour les betteraves et pour les navets, dont les prix varient depuis 5 à 6 fr. jusqu'à plusieurs centaines de francs; les premiers sont conduits à bras et ne sont munis que d'un ou de deux distributeurs (*fig. 7*). Les autres, traînés par un cheval, distribuent la semence sur plusieurs lignes

Fig. 7. — Semoir-brouette, à poquets, de Ledocte.

à la fois. On sème aussi les fèves avec un semoir qu'on dirige à bras, dont le prix n'est pas très-élevé.

Les machines destinées aux semences fourragères, les unes conduites à bras, les autres, plus fortes, par un cheval, distribuent les graines non pas en lignes, mais également sur toute la surface du champ.

77. Les **plantoirs** ou machines qui servent à semer les grains de froment un à un, ou deux ou trois dans un même trou, sont construits pour être maniés à bras ou pour être traînés par un cheval. Ils réalisent une grande économie de semence; mais, en raison de la lenteur du travail, ils sont d'une application très-peu étendue.

A l'exception des semoirs pour graines fourragères, tous les instruments précédents déposent la semence en lignes. Ils rendent ainsi très-faciles les opérations du binage et du nettoiement des intervalles des lignes de toutes les plantes parasites qui gênent la croissance de la récolte et soutirent une partie des engrais qu'on lui a destinés.

78. Les **houes à cheval** (*fig. 8*), qui ont été inventées depuis quelques années, permettent d'effectuer les binages des froments d'une manière moins dispendieuse qu'avec les instruments à bras. On peut, avec une telle machine, donner des façons convenables à 3 ou 4 hectares dans un jour de travail. Des instruments analogues sont employés pour nettoyer les récoltes sarclées dont les lignes ont ordinairement 70 centimètres d'écartement parallèle. Un homme avec un cheval peut faire le travail de 1 hectare 1/2 dans une journée.

79. La moisson des céréales se fait en Europe, jusqu'à présent, soit à la faucille, soit à la faux garnie d'un harnais en bois, soit enfin à l'aide de la sape flamande. Mais, depuis quelques années,

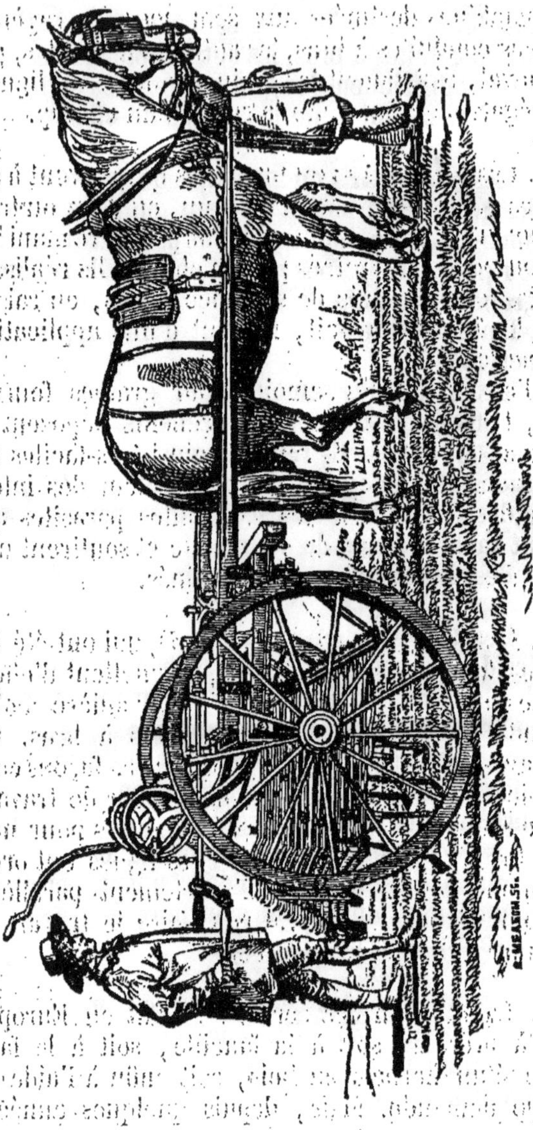

Fig. 8. — Houe à céréales, de Garrett.

une machine à moissonner (*fig. 9*), traînée par une ou deux paires de chevaux et employée primitivement en Amérique, a fait son apparition en Angleterre et sur le continent. Plusieurs constructeurs s'occupent de perfectionner cet instrument, et quelques moissonneuses de la force de deux chevaux paraissent devoir réussir. Il est à désirer que des simplifications raisonnables facilitent l'usage de ces instruments, qui rendraient un grand service à l'économie rurale en permettant de faire la moisson d'une grande surface dans un temps très-court. Les moissonneuses, qui ont obtenu le plus de succès jusqu'alors, abattent environ 5 ou 6 hectares par jour.

Dans des régions comme l'Amérique et l'Australie, où la main-d'œuvre est rare et d'un prix élevé, les moissonneuses peuvent rendre de grands services. Aussi les fabrique-t-on par centaines chaque année, surtout en Amérique. Mais dans les pays où l'on trouve pour la moisson des bras suffisants à bas prix, les cultivateurs se dispenseront encore longtemps d'acheter un instrument très-coûteux, d'une manœuvre assez difficile et jusqu'alors trop compliqué.

80. La **machine à battre** a presque généralement remplacé le fléau dans toutes les bonnes exploitations. Le moteur est la vapeur, l'eau ou la force animale; une petite machine à bras (*fig. 10*), de la force de deux hommes, convient bien pour les petites fermes. Une machine de quatre chevaux peut battre et vanner de 120 à 160 hectolitres de blé dans un jour, et ce travail est mieux exécuté et ne revient pas au tiers du prix de l'ancien battage au fléau.

81. Nous ne faisons mention que du matériel d'agriculture qui a le plus d'importance, mais il y a un

grand nombre d'autres instruments fort utiles au cultivateur. Les chariots et les tombereaux, qui rendent tant de services pour tous les transports de la ferme ;

Fig. 10. — Machine à battre, de Barrett et Cie.

les machines à nettoyer les grains, les hache-paille, qui réduisent la paille ou les fourrages en petites dimensions plus convenables pour le bétail ; les coupe-ajoncs, qui rendent ces plantes utiles aux chevaux et aux vaches ; les moulins broyeurs, pour écraser les grains destinés aux chevaux, qui facilitent l'assimilation complète de ces aliments ; les moulins à tourteaux, les coupe-racines, qui permettent de donner des rations plus agréables au bétail, sans courir le risque d'étouffer les animaux ; les machines à faner les fourrages, les râteaux à cheval, qui facilitent la réunion des herbes fauchées; d'autres machines qui servent à nettoyer le sol des mauvaises plantes; les chars à engrais liquides, pour répandre les purins recueillis dans les étables sur les pâturages ou les récoltes sarclées; les machines à battre le beurre, etc.; chacun de ces instruments mériterait une description, si le cadre de cet ouvrage le permettait.

CHAPITRE XI

Culture. — Le navet ou turneps

SOMMAIRE. — Distinction des récoltes. — Le turneps : diverses espèces; terrains convenables; place dans l'assolement; procédés de culture; billons fumés et couverts; insectes nuisibles; sarclage; récolte; conservation; avantages de cette récolte; porte-graines.

82. On distingue habituellement les plantes cultivées en deux classes qu'on appelle : récoltes vertes et récoltes blanches (1). Les premières sont celles qu'on cultive pour leurs racines, leurs tubercules ou leurs feuilles, comme la betterave, le turneps, le chou; les secondes sont celles dont on ne recueille que les graines en maturité, comme le blé, le lin. La même plante peut, suivant les circonstances, appartenir à l'une ou à l'autre de ces deux catégories; par exemple, la navette cultivée pour servir de nourriture aux bestiaux ou aux moutons est une récolte verte, et, quand on la cultive spécialement pour ses graines, c'est une récolte blanche.

Les récoltes vertes sont particulièrement cultivées pour fournir des engrais nécessaires à l'entretien des terres épuisées par les récoltes blanches; elles sont entièrement consacrées à la nourriture du

(1) Nous manquons en français de termes usuels pour établir la distinction des récoltes; on dit bien *plantes fourragères* et *plantes à graines*; mais ces mots ne rendent pas précisément le sens qu'y attachent les cultivateurs anglais : ainsi la betterave est une récolte verte quand on la fait consommer sur la ferme; elle devient récolte blanche lorsqu'on la vend aux sucreries.

bétail, qui les convertit en fumier. C'est une opinion généralement répandue chez les agriculteurs que les récoltes vertes, considérées seulement comme aliment du bétail, ne payent pas les frais de culture qu'elles occasionnent, et qu'en conséquence, s'il était possible d'obtenir des engrais d'une manière plus économique, on pourrait se dispenser de produire des récoltes vertes. Jusqu'à ce moment, la chose n'est pas possible. Les chimistes agronomes s'occupent avec ardeur de la recherche d'un engrais aussi fertilisant que le guano, qui pourrait être livré à l'agriculture à un prix moitié moindre; mais, en attendant cet heureux résultat, les cultivateurs n'ont rien de mieux à faire que d'adopter le dicton flamand : « Sans récoltes vertes, pas de bétail; sans bétail, pas d'engrais, et sans engrais pas de froment. » D'ailleurs, il ne faut pas perdre de vue que le bétail, quand il est de bonne race et qu'on l'exploite d'une façon intelligente, peut encore produire des bénéfices, indépendamment de ceux obtenus des engrais, et qu'en déduisant même tous les frais occasionnés par son alimentation, il est souvent possible d'en retirer des profits très-élevés. Mais, quand il n'en serait pas toujours ainsi et que l'engrais obtenu serait la seule compensation de la culture des récoltes vertes, il serait encore profitable d'en tirer ce parti.

Parmi les récoltes sarclées, le turneps occupe une large place dans l'agriculture, et on le considère avec raison comme l'élément principal de la prospérité actuelle de l'agronomie anglaise. Il est donc essentiel de donner quelques détails sur cette culture et, comme la préparation du sol est la même pour toutes les plantes sarclées, il ne sera pas nécessaire de revenir sur les opérations de même nature que réclament les autres récoltes vertes.

83. Le **turneps** (*brassica rapa*) est une plante de la famille des crucifères, dont le caractère principal consiste en ce que la fleur porte quatre pétales disposés en croix et six étamines. Cette plante existe dans toute l'Europe à l'état spontané; elle a premièrement été cultivée sur le continent, et c'est de Hollande qu'elle a été introduite dans l'assolement de l'Angleterre au XVIIe siècle.

84. Les espèces qu'on cultive le plus sont le turneps jaune, nommé aussi d'Aberdeen, et le turneps blanc ou globe. Le navet de Suède, qui est bien préférable à tous les autres, n'est pas précisément un turneps; c'est une variété particulière de chou (*brassica campestris*) qu'on nomme rutabaga ou chou-rave, mais qui est connu vulgairement sous le nom de turneps de Suède. Il existe des variétés très-nombreuses des espèces de turneps commun et de celles de Suède; celle qu'on connaît sous le nom d'*hybride* est en grande réputation. Le rutabaga a les feuilles lisses et la chair ferme; quand on l'a emmagasiné avec soin, il conserve ses propriétés nutritives, qui sont supérieures à toutes les autres variétés, pendant plusieurs mois. Le turneps-globe a les feuilles dures et la chair douce, et ne se garde pas très-bien; le turneps d'Aberdeen, qu'on nomme populairement *boullock*, et le turneps hybride possèdent également des feuilles dures; ils tiennent une position intermédiaire entre le rutabaga et le turneps-globe, quant à la qualité, la nature de la chair et leur facilité de conservation.

85. On peut obtenir de fortes récoltes de turneps, au moyen d'un bon système de culture, sur toute espèce de terrain, depuis les plus légers jusqu'aux plus compactes, et même sans excepter les sols ma-

récageux. Une terre franche, légèrement graveleuse, mais susceptible de conserver un peu de fraîcheur en été, passe pour être surtout favorable à cette culture ; on lui donne même le nom de terre à turneps dans ce cas. Les sols très-argileux, mais assainis par le drainage et de bons labours, produisent d'excellentes récoltes. Toutes choses égales d'ailleurs, les conditions de température régulière, d'humidité et de tiédeur sont celles qui produisent les récoltes non-seulement les plus abondantes, mais même les plus remarquables, sous le rapport de la richesse nutritive.

86. La place du turneps dans l'assolement, comme du reste celle de toute autre récolte fumée, est invariablement sur la sole qui a rapporté des récoltes blanches ou à graines dans l'année précédente.

87. La première des conditions pour la culture du turneps, c'est que la terre où elle doit se faire soit naturellement assainie, ou du moins qu'elle l'ait été par un bon drainage. On donne un labour profond en automne ou dès le commencement de l'hiver, et, en retournant les éteules de la récolte précédente, on fait profiter le sol de leur décomposition ; en même temps on expose le guéret à l'action bienfaisante de l'hiver, dont on connaît l'efficacité sur la désagrégation du sol.

Dans tous les champs, excepté dans ceux qui sont trop légers et trop perméables pour retenir les parties solubles des engrais, on peut couvrir ceux-ci en donnant le coup de charrue. On prévient ainsi la perte des matières volatiles que la terre s'attribue et qu'elle élabore pendant son repos à un état très-favorable à l'assimilation des plantes futures. Un autre résultat de cette pratique des engrais enfouis à l'avance, c'est qu'ils entretiennent l'aération du sol pendant le temps de leur décomposition. Des expériences souvent vérifiées ont fait connaître que les sols suffisamment pourvus d'argile ne perdent aucune partie de la valeur des engrais enfouis avant l'hiver. Cette propriété est d'une grande importance pour l'agriculture; elle permet d'effectuer les transports de fumier à une époque où les travaux sont moins pressants en évitant les inconvénients des charrois au printemps, saison où l'état d'humidité du sol rend cette opération aussi nuisible que coûteuse.

Quand la terre est d'une nature trop argileuse, même dans les champs assainis par le drainage, il convient de tirer des rigoles superficielles pour permettre aux eaux, souvent abondantes pendant l'hiver, de s'écouler plus promptement. On laisse les guérets dans cet état jusqu'aux premiers beaux jours de mars ou d'avril, et l'on profite du moment où le sol est suffisamment ressuyé pour donner un trait de scarificateur en sens opposé à celui du labour.

Un ou deux traits d'une herse ordinaire suffisent ordinairement avant l'ensemencement pour mettre en bon état d'ameublissement les sols de consistance moyenne. Mais ceux qui sont très-argileux réclament le rouleau avec plusieurs façons de hersages. Quelquefois même, dans les terres les plus fortes, il est nécessaire de donner un second coup de scarificateur et même de faire passer la herse norwégienne ou le rouleau brise-mottes. Tout le succès de la récolte future dépend de l'état de pulvérisation où l'on met le sol au moment de la semaille. Si des herbes parasites ont été ramenées à la surface par le scarificateur ou la herse, on doit les ramasser, soit à bras, soit à l'aide de la herse légère, et les déposer en tas à l'extrémité du champ, où elles deviennent un excellent engrais, après avoir subi une désorganisation complète.

On considère le milieu du mois de mai comme étant la saison la plus convenable pour la semaille du rutabaga; mais si une grande sécheresse ou quelque autre circonstance empêchait de semer à cette époque, on peut encore compter sur une bonne récolte en semant vers la mi-juin. Les turneps d'Aberdeen et la variété hybride peuvent même se semer jusqu'à la moitié de juillet; c'est aussi à cette époque que l'on ensemence la variété globe et celle de Norfolk. Cette latitude dans le retard des semailles du turneps est d'un grand intérêt pour le cultivateur parce qu'il peut obtenir des récoltes dérobées. Une variété du rutabaga, qu'on doit à M. Rivers, est susceptible de produire une récolte passable, quoique semée aussi tard que la première semaine d'août. On emploie environ 3 kilos de semence par hectare.

Lorsque l'engrais a été enfoui par le labour d'automne ou d'hiver on peut semer avec le semoir sur un sol bien nivelé et bien ameubli, en lignes d'environ 70 centimètres d'écartement. Dans les sols calcaires, qui possèdent ordinairement une grande facilité d'absorption et qui se dessèchent trop en été, il est utile de maintenir cet intervalle entre les lignes. Si l'on juge insuffisante la quantité d'engrais, on peut distribuer à la récolte deux ou trois sacs de chacun 100 kilos de guano par hectare, ou 7 ou 8 sacs de poussière d'os. On administre cet engrais à la volée et immédiatement avant le dernier trait de herse. Mais il vaut mieux ouvrir des billons avec la charrue à double versoir et y déposer le guano, parce que ce moyen permet de réunir l'engrais sur chaque ligne et de le mettre plus à la portée des racines; on abaisse les billons par un coup de rouleau, de façon à ce que le semoir rencontre une surface bien égale. Quand on adopte cette méthode de fumure sous billons, 600 kilos de bon guano du Pérou, ou 18 hectolitres d'os cassés par hectare, ou seulement moitié de cette dernière quantité de superphosphate peuvent produire une excellente récolte de rutabagas, sans autres engrais. Toutefois, si le champ manquait de matières organiques, il serait bon d'ajouter 100 à 125 kilos de nitrate de soude, et la valeur de tous ces engrais n'irait pas au delà de 220 fr. par hectare. Les autres variétés de turneps sont moins productives, mais elles n'ont besoin que des trois quarts de la dose précédente.

Du reste, la culture la plus habituelle du turneps se fait en appliquant le fumier immédiatement avant la semaille dans des billons couverts. A cet effet, on conduit l'engrais qu'on retire des étables à l'une des extrémités du champ à engraisser; on l'élève en meules, soit seul, soit en le mélangeant de couches alternatives de terre, et on recouvre toute la surface exposée à l'air avec une légère couche de terre. Un mois avant de répandre l'engrais, on retourne ces meules, on les mélange de nouveau, afin de favoriser une décomposition bien égale, et on les recouvre encore de terre.

Quand ces préparatifs ont eu lieu et que l'époque de la semaille est arrivée, on ouvre des billons de 70 centimètres d'écartement avec la charrue à deux versoirs ou avec une charrue simple; ces billons doivent être faits avec précaution et par un bon laboureur. On charge l'engrais sur un tombereau dont la voie soit égale à trois billons, et on l'étend dans chaque billon bien également; tous les morceaux trop gros doivent être brisés. Si la quantité de fumier n'était pas suffisante pour assurer une bonne récolte, ou s'il était de mauvaise qualité, on devrait répandre sur les billons couverts de fumier, à la volée, une dose supplémentaire de guano, de poudre d'os ou de superphosphate, suivant qu'on jugerait utile. Il est important de placer ces engrais concentrés précisément à la place des plantes futures; on peut encore les répandre à la main sur les billons, après avoir recouvert le fumier avec la charrue à double versoir; enfin, c'est une bonne pratique de distribuer ces engrais pulvérulents au moyen du semoir en même temps que les semences.

Si la semaille a lieu dans une saison chaude et un peu humide, les jeunes plantes apparaîtront sur les billons au bout de quatre à cinq jours; mais, si la température était trop élevée et que le sol fût trop sec, les semences retarderaient leur sortie de plusieurs semaines, jusqu'à l'arrivée d'une pluie, et, si cette circonstance n'avait lieu que trop tard dans la saison, il ne faudrait pas compter sur une grande récolte. Quand cet accident se présente, on est dans l'habitude de faire une nouvelle semaille des variétés de turneps jaunes ou globes. On donne préalablement un trait de herse légère sur les billons, afin de détruire les plantes parasites qui ont pu se développer. Si l'on avait la possibilité d'arroser, on déterminerait certainement la végétation des turneps, enrayée par la sécheresse; on pourrait, dans ce cas, répandre de l'engrais liquide, soit avec le char à purin, soit avec un tonneau monté sur une paire de roues. Cette opération est coûteuse, mais elle assure la récolte; une femme conduit le cheval, et un ouvrier dirige les dards d'arrosement attachés au tonneau sur les lignes, et seulement sur le sommet des billons. Il est important de n'effectuer cet arrosement que vers la fin du jour, pour éviter une évaporation trop rapide qui rendrait l'opération inutile.

88. Les jeunes plantes de turneps, dès l'apparition de leurs cotylédons, sont sujettes aux attaques d'un petit insecte *(haltica nemorum)*, nommé vulgairement la mouche du turneps, qui détruit quelquefois la récolte entière d'un canton. On ne connaît jusqu'alors aucun moyen de destruction de ces parasites, qu'on remarque souvent au nombre d'une douzaine sur chaque plant. Le procédé qui a le mieux réussi pour arrêter leurs ravages consiste à répandre sur les billons, à l'instant où les plantes sont couvertes de rosée, de la poussière de route tamisée ou un mélange de chaux éteinte et de suie. Ces matières favorisent d'ailleurs puissamment la végétation des jeunes plantes, et, dès que les premières feuilles dures appelées *secondaires* sont développées, l'insecte n'est plus à craindre. On pense qu'il vaut mieux semer un peu plus épais dans les saisons humides pour paralyser la destruction occasionnée par ces insectes.

89. Environ un mois après la semaille, si la saison est favorable, on peut penser à l'éclaircissement des turneps. Des femmes et des enfants, armés de sarcloirs, enlèvent toutes les plantes qui se trouvent entre les lignes et ne laissent qu'un seul turneps, toujours le plus vigoureux, sur chaque espacement de 33 centimètres; il est essentiel d'enlever toutes les herbes spontanées qui se sont développées, quelque petites qu'elles soient. Quand l'intervalle des billons est garni de plantes parasites avant l'époque convenable pour procéder à l'éclaircissement des turneps, il convient de faire passer entre les lignes une houe à cheval qui nettoie le sol, et il faut répéter cette opération aussi souvent que la végétation parasite l'exige. Si des places vides existaient dans les lignes, il serait essentiel de les repeupler en trans-

6

plantant des turneps un peu avancés; mais il faut que la terre soit humide pour que ce repiquage ait du succès. On a quelquefois obtenu d'excellentes récoltes de rutabagas par ce moyen de transplantation, dont les sujets étaient obtenus sur une couche et repiqués dans un sol bien préparé en juin et même au commencement de juillet, dans des conditions particulières d'humidité.

Une seconde façon à la main peut être nécessaire quelque temps avant le développement des quatre premières feuilles. On peut aussi, avec grand avantage, faire passer entre les lignes un scarificateur léger, attelé d'un seul cheval; cette opération entretient la porosité du sol et détruit les plantes parasites nuisibles à la culture spéciale.

90. Il doit être bien établi, avant tout, que les travaux d'éclaircissement et de sarclage sont de première rigueur dans une culture de plantes sarclées, et que la négligence de ces premiers travaux peut anéantir sans exception les dépenses d'engrais et de façons consacrées à la future récolte.

La végétation de la première année est accomplie vers le mois de novembre, et il peut arriver, si la saison n'est pas dure, que le turneps continue de végéter pour accomplir sa croissance bisannuelle. La qualité des racines subit, dans ce cas, une détérioration considérable, et en même temps le sol s'épuise des éléments de fertilité qui lui restent. Il faut donc éviter cet accident et enlever la récolte par un temps sec, couper les feuilles et les racines et emmagasiner les turneps sous une couche de paille. On surveille de temps en temps la récolte; on retranche les nouveaux bourgeons qui paraissent vers le printemps, et de cette façon les rutabagas peuvent conserver leur qualité alimentaire jusqu'au mois de mai et même de juin. Le turneps jaune, conservé avec les mêmes précautions, reste sain et valable jusqu'au mois de mars. Les collets des rutabagas peuvent être enfouis dans le sol comme engrais, et c'est sans doute le meilleur parti qu'on en puisse tirer; ou bien on les abandonne sur les champs aux troupeaux. On peut aussi les distribuer à l'étable aux jeunes bêtes à cornes; mais il est nécessaire de surveiller cette distribution, car ces derniers animaux sont sujets à la météorisation causée par cette nourriture. Les collets des autres variétés de turneps ne méritent pas d'être servis aux bestiaux, et il vaut mieux les abandonner comme engrais et les enfouir à la charrue.

91. La réussite d'une récolte de turneps dépend d'un grand nombre de circonstances : c'est principalement de la nature du sol et du climat, de la quantité et de la qualité des engrais et des soins qu'on a donnés à la culture que résulte le succès de cette production. Dans des cas où toutes les circonstances favorables se sont trouvées réunies, on a obtenu l'énorme récolte de 105 tonnes (de 1,015 kilos) 106,575 kilos par hectare de rutabagas. Mais la moyenne de la production générale ne s'élève guère qu'à la moitié de ce chiffre (1). L'emploi des rutabagas se fait surtout pour le gros bétail; on les donne entiers ou découpés au coupe-racines. On estime qu'une tonne de rutabagas produit en moyenne 7 kilos de viande, estimés 1 fr. 10 c. chacun, ce qui porte la valeur de chaque tonne à

(1) Pour donner une idée de l'extension de la culture du turneps, nous dirons que la statistique agricole de l'Irlande, pour 1852, annonce que 384,000 acres ont été cultivés de cette façon, le froment a été cultivé dans la même année sur 500,000 acres; l'acre est de 42 ares environ.

7 fr. 50 c. environ, non compris le fumier qui en est obtenu.

92. La plupart des agronomes pensent que la valeur d'un engrais dépend de l'azote qu'il renferme, et que toute récolte épuise le sol en proportion de l'équivalent qu'elle en contient. En admettant cette opinion et en supposant que le poids d'une récolte de turneps est égal au poids du fumier qu'on a employé, on trouve qu'il reste dans le sol une quantité d'azote égale à celle que la récolte a enlevée. Car le fumier contient environ 4 p. 1,000 d'azote, et la tonne de turneps n'en donne que deux millièmes. On ne peut pas induire de ce fait que le turneps soit une récolte très-épuisante. Il y a donc avantage, sous tous les rapports, à cultiver cette plante, qui fournit une base d'engrais abondants pour entretenir la fertilité de la ferme.

L'influence du sol, de la saison et des cultures est si importante dans cette production qu'on n'attache pas ordinairement une grande attention à cette espèce de calcul. Mais chaque cultivateur sait, par sa propre expérience, qu'une récolte de 80,000 kilos de rutabagas par hectare peut être obtenue par une bonne exploitation, au moyen d'un poids égal de fumier. Toute cette récolte étant consommée sur la ferme, il n'en peut pas résulter d'affaiblissement dans la fertilité du sol. On peut, en outre, augmenter la valeur alimentaire de ce produit en faisant usage des appareils économiques pour la cuisson des aliments destinés aux porcs, aux chevaux et aux vaches laitières, et, dans ce cas, le rendement d'une tonne s'élève au delà de 7 fr. 50 c.

Le turneps jaune est celui qui a la plus grande valeur alimentaire après le rutabaga ; il a l'avantage de ne pas communiquer au lait ou au beurre une odeur aussi prononcée que ce dernier. Cette odeur est même tout à fait nulle, si l'on prend la précaution de soumettre à la cuisson les turneps destinés aux vaches. Le turneps-globe et celui de Norfolk sont un peu moins nourrissants; ils produisent néanmoins une bonne quantité de lait, et ils ne lui donnent presque pas de goût particulier. On les cultive quelquefois pour être consommés sur place par les troupeaux et les jeunes bestiaux, et de cette façon ils offrent des avantages marqués. Mais ils sont décidément inférieurs aux rutabagas, sous le rapport de la production de la graisse ou de la viande.

Le cultivateur qui tient à posséder des semences de bonne qualité doit choisir au moment de la récolte des racines bien conformées, destinées à servir de porte-graines. On les plante en lignes distancées de 1 mètre, avec un espacement de 50 centimètres de l'une à l'autre. Il est utile de choisir, pour cette culture spéciale, un champ bien découvert et de recouvrir les plantes de 12 à 16 centimètres de terre, pour les préserver des gelées. Quand la graine arrive à maturité, il faut la protéger contre les attaques des oiseaux. Il est encore essentiel de ne pas mettre dans le même champ plusieurs variétés de turneps, afin d'éviter les hybridations qui pourraient modifier l'espèce qu'on veut conserver.

CHAPITRE XII

Betteraves. — Carottes. — Panais

SOMMAIRE. — La betterave : variétés ; préparation du sol ; soins de culture ; façons ; récolte ; porte-graines ; valeur alimentaire. — La carotte : sa culture. — Le panais.

93. La **betterave** est une variété améliorée de l'espèce qui croît spontanément sur les bords de la mer *(beta vulgaris)*. Cette plante est cultivée sur le continent depuis un temps immémorial, et on peut s'étonner qu'elle n'ait été introduite en Angleterre que depuis le siècle dernier. C'est un aliment très-convenable pour l'entretien des vaches laitières et son emploi mériterait d'être répandu, sous ce rapport, de préférence à toutes les autres récoltes racines.

Les espèces qui sont le plus cultivées sont la rouge longue, la jaune longue, la globe rouge et jaune qui sont également précieuses pour les bestiaux. Quant à la betterave blanche, dite de Silésie, elle est l'objet d'une culture industrielle très-importante pour la fabrication du sucre qu'on en extrait dans toutes les nations du continent.

La betterave demande une forte fumure, des labours profonds et des soins nombreux de culture ; elle produit des récoltes considérables sur presque tous les sols, mais les terres franches et dans une situation abritée sont celles qui lui sont particulièrement favorables.

94. La préparation du sol est la même que pour le rutabaga; il faut employer autant d'engrais et on peut cultiver la betterave sur billons couverts ou sur une surface unie; le premier système toutefois assure de plus fortes récoltes que le second.

Suivant l'état de la saison, on peut faire la semaille depuis le mois d'avril jusqu'au milieu de mai. Ce qu'on appelle semence de betterave, c'est en réalité des graines ou capsules contenant chacune trois ou quatre semences parfaites. On peut les semer à la main, ou mieux à l'aide d'un semoir spécial, sur le sommet des billons préparés à l'avance, ou sur un champ bien ameubli et dont la surface soit bien nivelée. On met une seule capsule à la distance de 8 à 12 centimètres. On peut encore tirer des lignes au rayonneur et répandre la semence à l'espacement de 16 centimètres; deux ou trois capsules par place assurent mieux la réussite, et on recouvre les rayons soit à l'aide d'un dos de râteau, soit par tout autre moyen. Il n'est pas nécessaire d'enfouir les capsules au delà de 3 centimètres, et si le temps n'est pas humide, il est bon de donner un coup de rouleau sur la semaille.

95. On éclaircit les plantations de betteraves, comme celles de rutabagas, et le plus promptement possible; on laisse seulement les sujets les plus vigoureux, et les façons de sarclages, soit à bras, soit à la houe à cheval, sont de première importance. Au premier travail d'espacement, on peut isoler les plantes de 12 à 15 centimètres; mais à la seconde opération qui a lieu quand la betterave a quatre feuilles, on peut encore supprimer une plante et laisser entre chacune une distance de 24 à 30 centimètres. Du reste, l'espacement doit dépendre de la richesse du sol et de l'abondance de la fumure;

quand ces conditions sont favorables, on peut isoler la betterave dans un carré égal à l'écartement des billons parallèles; ainsi, si les lignes ont 70 centimètres, on peut donner aux plantes un intervalle égal de l'une à l'autre. Pour la culture des betteraves à sucre, on réduit cet espacement parce qu'on recherche ordinairement des racines moins volumineuses que pour la destination alimentaire.

La betterave est moins sujette aux attaques des insectes que les jeunes turneps; mais il faut observer que certains parasites existent dans des lieux particuliers et peuvent faire leur apparition d'un moment à l'autre : les limaces et les escargots dévorent quelquefois les cotylédons. On a recommandé de répandre de la chaux en poudre à la rosée, pour repousser les attaques de ces insectes; mais quand la betterave devient plus forte, elle est attaquée par un petit ver rongeur, la larve de la mouche *anthomya betæ*, qui ronge les feuilles et met la récolte en danger. On ne connait aucun procédé de destruction de cet insecte (1).

La récolte des betteraves se fait à la fin d'octobre; il est avantageux de faire l'arrachage par un beau temps et avant l'arrivée des gelées. On supprime le collet et les feuilles et l'on met les racines en silos

(1) Chacun sait que toutes les plantes ont des parasites particuliers dont on favorise d'autant plus la multiplication qu'on donne plus d'extension aux cultures qu'ils attaquent. Depuis une douzaine d'années, les plantations de betteraves à sucre de la Russie sont visitées par des légions d'insectes du genre des *charançonites*, qui dévorent les premières feuilles dès leur apparition et qui mettent souvent l'agriculteur dans la nécessité de recommencer la semaille. Ce coléoptère est heureusement inconnu en Occident, mais on peut craindre sa fatale apparition. En France, les insectes surtout nuisibles aux récoltes de betteraves sont les larves du hanneton, qu'on désigne vulgairement sous le nom de *vers blancs*, et quelques altises.

couverts de paille et de terre. Il est essentiel de s'opposer, autant que possible, à la seconde végétation qui enlève une partie de sa qualité à la racine. Si la conservation a été soigneusement faite, la betterave peut rester saine jusqu'au printemps.

96. On a l'habitude d'arracher les feuilles quelque temps avant la récolte pour les distribuer aux porcs et aux bestiaux; c'est une pratique qui ne doit avoir lieu que quand le rôle des feuilles est accompli et que les racines ont acquis tout leur développement; d'ailleurs, les plantes privées de ces organes sont plus facilement attaquables par les gelées. Il ne faut donner les feuilles qu'en petite quantité et en les mélangeant à des fourrages secs, parce qu'elles dérangent la digestion des animaux. Les feuilles contiennent en effet quelques éléments salins qui peuvent profiter au bétail; mais il vaut peut-être mieux les abandonner au sol comme engrais vert que de risquer par l'effeuillage d'appauvrir la qualité des racines.

97. On cite des exemples de récoltes monstrueuses de betteraves, jusqu'à 150,000 kilos par hectare; mais une récolte de 60,000 à 70,000 kilos peut passer pour une forte production des variétés de racines qui rendent le plus, surtout des globes. Le principal usage de la betterave fourragère est de servir à l'entretien des vaches laitières, qui produisent une grande quantité de lait par ce régime. Le lait et le beurre obtenus de cette nourriture ont, il est vrai, une odeur particulière, mais moins prononcée que celle qui résulte des turneps. On entretient aussi les porcs et le gros bétail avec les betteraves. Environ 92 parties sur 100 de cette racine sont de l'eau, et les chimistes estiment que cet aliment n'est

égal qu'au cinquième du foin normal sec (1). La variété cultivée pour les sucreries contient environ 10 p. 100 de sucre dont les manufacturiers retirent seulement la moitié. La betterave contient à peu près autant d'azote que les rutabagas, soit deux millièmes; elle demande autant de fumier et revient au même prix que cette autre racine. On estime le produit des betteraves à sucre à 40,000 kilos par hectare; mais la culture de cette espèce appauvrit un domaine puisqu'on exporte toute la récolte et qu'il est nécessaire de restituer au sol des engrais extérieurs pour balancer la perte de cette exportation.

On choisit pour porte-graines des racines bien conformées; on les plante dans une bonne exposition à 1 mètre d'intervalle en tout sens; la maturité a lieu en août ou septembre; on coupe les tiges et on les laisse sécher sur le sol; on peut faire le battage à la machine. Il faut préserver les capsules de l'attaque des parasites, surtout des souris.

98. La **carotte** est une racine perfectionnée par les générations précédentes et qui descend probablement de l'espèce sauvage qu'on rencontre encore dans les pâturages à l'état spontané *(daucus carota)*. Elle ne réussit que dans des terres profondes et bien ameublies; elle mérite l'attention des cultivateurs par ses bonnes qualités.

Les variétés les plus communes dans la culture des fermes sont la blanche, la jaune et la rouge.

(1) La valeur alimentaire des betteraves varie suivant les espèces qu'on cultive. M. Boussingault indique (*Tableau de la constitution des substances alimentaires*) des variétés dont l'équivalent est de 548 et d'autres de 256, le foin normal représentant l'unité par le nombre 100. On peut juger sur cet exemple de l'importance qu'il faut attacher au choix des plantes d'une culture, puisque la qualité d'une betterave à l'autre peut varier du simple au double sous le rapport de la richesse nutritive.

99. Les terrains qui conviennent le mieux à la carotte sont ceux de nature argilo-siliceuse ; on obtient toutefois de fortes récoltes sur les sols marécageux bien amendés, et même sur les sables près du bord de la mer au moyen d'une forte fumure.

Cette culture exige que l'engrais soit profondément enfoui dans un labour d'automne ; on peut encore obtenir de fortes récoltes en cultivant la carotte sur billons fumés et recouverts, comme les turneps. Les meilleurs résultats s'obtiennent néanmoins par le premier procédé.

On fait les semis au commencement d'avril ; comme les graines sont munies de styles persistants qui les font adhérer les unes aux autres, on les prépare pour la semaille en les brisant entre les mains. On peut les semer à la machine ou à la main à 16 centimètres d'espacement, comme les betteraves. Quelquefois la carotte se cultive en lignes de 40 à 50 centimètres d'écartement; mais cet espace rend difficile le travail de la houe à cheval, et l'on perd ainsi le bénéfice de la bonne culture en lignes. Celles-ci doivent avoir environ 70 centimètres de parallélisme, et le semis d'un hectare n'exige guère que 3 kilos et demi de semence.

Une manière de culture qu'on vante dans les meilleures exploitations consiste à semer la carotte après une récolte de betteraves qui a reçu une quantité de fumier assez considérable pour qu'il ne soit plus nécessaire d'en attribuer à cette seconde récolte sarclée. Un autre système très-préconisé par quelques bons agriculteurs, c'est de semer la carotte en ligne alternant avec une autre ligne de betteraves. On dit que le produit des deux récoltes s'élève plus haut que celui d'une seule de ces plantes cultivée isolément.

Les soins de culture de la carotte sont l'éclaircissement opéré à temps convenable ; on laisse une plante dans une longueur de 16 centimètres ; on donne des sarclages à bras et à la houe à cheval pour entretenir la propreté du sol. On fait aussi passer le râteau entre les lignes pour ameublir la terre, ou on emploie à cet effet le scarificateur.

Les semis de carottes croissent lentement, et si l'on n'apporte pas d'attention à cette culture, les mauvaises herbes étouffent les jeunes plantes, ce qui rend la récolte incertaine. On ne peut pas prendre trop de précautions à ce sujet, car tout le succès dépend de ces premiers soins. La carotte arrive en maturité en novembre, et c'est le temps de l'arracher, quoiqu'elle supporte bien les gelées. On facilite cette opération en faisant passer la charrue près de la ligne des plantes ; on les arrache alors facilement, et après avoir abattu les feuilles, on les range en silos comme les autres plantes-racines. Les feuilles et les collets mélangés avec des fourrages secs peuvent être donnés au bétail.

100. Le produit d'un hectare de carottes blanches, appelées aussi de Belgique, dans des conditions favorables de sol et de culture, s'élève quelquefois à 72,000 kilos, mais la moitié de ce poids est encore une bonne récolte. Cette racine est d'un excellent usage pour toutes les espèces d'animaux ; les chevaux s'entretiennent parfaitement avec une ration de carottes et de foin, et peuvent même travailler fortement en se contentant de peu d'avoine ; on leur distribue la carotte coupée en menus morceaux en proportion de leur taille et de leur travail.

La carotte contient environ 87 parties d'eau sur 100 et trois millièmes d'azote ; elle est une fois et demie plus nutritive que le rutabaga et elle épuise sans doute le sol dans la même proportion. On suppose qu'elle équivaut poids pour poids au tiers de la valeur alimentaire du bon foin. Si l'on estime les 1,000 kilos de foin à 38 fr., le même poids de carottes vaudra donc 12 fr. 70 c. Il est probable que, comme nourriture destinée aux vaches laitières, cette racine vaut même mieux que le tiers du bon foin.

101. Le **panais** est comme la carotte une plante améliorée par la culture de l'espèce sauvage qu'on trouve dans les prairies naturelles *(pastinaca sativa)*. Ces deux plantes appartiennent à la famille des ombellifères.

La variété connue sous le nom de Jersey est principalement cultivée dans les fermes; elle demande un bon sol, et les soins de semaille, de préparation des terres et de quantité de semence sont exactement les mêmes que pour la carotte. On peut toutefois donner au panais un espacement plus grand qu'à cette dernière, 22 centimètres au lieu de 16 centimètres. Les façons sont les mêmes pour l'une et l'autre plante.

Le rendement est un peu inférieur à celui de la carotte blanche. On l'emploie avantageusement dans quelques bons cantons agricoles pour nourrir les chevaux et les vaches. On estime que le panais produit du lait d'une grande richesse et que le beurre possède une odeur particulièrement agréable. Dans quelques pays, on en tire un excellent parti pour l'engraissement des porcs, et si la pomme de terre venait à nous manquer, le panais reprendrait son ancienne importance comme aliment de ménage. Il contient environ 22 parties sur 100 de matières sèches; c'est à peu près l'équivalent de la pomme de terre, mais on pense que le panais est plus nutritif, poids pour poids.

Pour obtenir de bonnes semences de panais et de carottes, il faut choisir des racines régulières et bien conformées; on les plante dans une bonne exposition, en lignes espacées de 66 centimètres, et de 33 centimètres de plante à plante. On recommande de n'employer que des semences d'une année, parce que les vieilles graines sont sujettes à ne pas réussir.

CHAPITRE XIII

Récoltes sarclées (*Suite*)

SOMMAIRE. — La pomme de terre : variétés; culture ; produit ; sa valeur nutritive. — Le topinambour, sa culture et sa récolte.

102. La **pomme de terre** est une plante de la famille des *solanées* dont plusieurs espèces contiennent un principe narcotique susceptible de causer un véritable empoisonnement, par exemple, la pomme épineuse *(datura stramonium)*. Le jus des feuilles, des tiges, et quelques parties du tubercule même ne sont pas exempts de cette qualité vireuse ; mais la cuisson à l'eau ou au four fait disparaître ce principe. On dit que cette plante existe à l'état sauvage dans les montagnes du Chili (Amérique méridionale) ; elle a été importée en Espagne au commencement du XVIe siècle, puis introduite en Irlande dès l'année 1545 par un nommé Hawkins ; elle n'est devenue l'objet d'une grande culture qu'après avoir été introduite de nouveau par sir Walter Raleigh vers l'année 1620. Il y a ceci de remarquable dans l'introduction de cette plante si précieuse pour l'alimentation publique, c'est que c'est la France qui l'a acceptée la dernière de tous les États de l'Europe, seulement au milieu du siècle dernier.

103. Les variétés de pommes de terre sont très-nombreuses et l'étaient encore davantage avant la mystérieuse maladie qui s'est déclarée sur cette plante dans l'été de 1845. Cet accident a considéra-

blement ralenti sa culture et a fait adopter plus particulièrement les espèces hâtives qui sont très-répandues aujourd'hui. Avant l'apparition de cette maladie, on n'attachait pas une grande importance à la nature du sol consacré à la production de cette plante. Toutefois, depuis une quarantaine d'années et peut-être précédemment, on constatait que la pomme de terre tendait à éprouver une dégénérescence, signe précurseur de la maladie. On obtenait pourtant de fortes récoltes de toutes les variétés au moyen d'une bonne culture et d'une quantité d'engrais.

104. Dans un bon assolement, la place de toute récolte sarclée et fumée doit être sur les champs qui ont été fatigués l'année précédente par une production de grains ou d'autres produits épuisants. Il existe en Irlande une habitude qui forme une exception remarquable à cette méthode; là on met l'engrais sur une terre en nature de prairie et on retourne le gazon pour cultiver la pomme de terre. Si la sole de prairie a duré pendant quelques années, qu'elle soit en bon état d'ameublissement et qu'elle ait été bien amendée, on peut obtenir une excellente récolte de tubercules, et il arrive même souvent qu'on recueille deux années de suite cette même récolte, en ne remettant qu'une faible quantité d'engrais à la seconde année. Ordinairement on obtient ensuite une bonne récolte de blé à laquelle succède une moisson d'orge. Si, au lieu de semer de l'avoine après l'orge, sans fumier, on donnait à cette dernière récolte 300 kilos de guano par hectare et qu'on abandonnât la terre en prairie pendant une couple d'années, cette modification du système quinquennal pourrait produire des rendements aussi élevés que par tout autre assolement. Malheureuse-

ment, on ne pratique guère cette bonne méthode.

Autrefois, on avait coutume de considérer la première quinzaine de mai comme la meilleure époque pour la plantation des pommes de terre. Mais actuellement ce sont les plantations d'automne ou des premiers jours de printemps qui offrent le plus de chances de produire une bonne récolte ; car la maladie, faisant son apparition au milieu de l'été, détruit le feuillage et enraye le développement des tubercules, en sorte que les plantes tardives ne peuvent arriver à maturité.

En Irlande, on cultive la pomme de terre sur billons couverts ou sur couches appelées *lazy beds*. Cette dernière méthode a presque tout à fait remplacé la culture en billons depuis l'année 1845, parce qu'elle permet de faire plus facilement les plantations d'automne.

Néanmoins, quand on cultive par la méthode des billons couverts, on prépare le sol, on répand les engrais, et on laisse entre les lignes et les plantes le même espacement que pour la culture des rutabagas. On dépose des tubercules entiers, ou coupés en deux morceaux s'ils sont gros, sur le fumier bien également répandu dans le billon, et on recouvre à la charrue. Quand on a planté des pommes de terre de grosseur moyenne sur un champ bien engraissé, il ne faut pas les espacer de moins de 40 centimètres; mais si ce sont des tubercules petits ou des fragments séparés, on ne laisse que 29 centimètres d'écartement. Il faut environ 2,400 kilos de pommes de terre de semence par hectare. On a fait de nombreuses expériences afin de déterminer quel est le meilleur espacement à donner aux plantations, quel engrais est le plus convenable et quelle est la dimension la plus avantageuse des tubercules. Il est résulté de ces essais que, dans les terrains assainis, des billons de

70 centimètres d'écartement parallèle, des tubercules de forte taille, plantés à 40 centimètres d'espacement, sur du fumier de ferme bien consommé, ont produit les meilleures récoltes. Les cultures subséquentes consistent à sarcler la plantation soit à bras, soit avec la houe à cheval, et à butter ou rehausser la terre autour des tiges des plantes. On peut faire cette opération avec une charrue à double versoir, après avoir ameubli préalablement le sol avec le scarificateur-billonneur. Si la récolte n'éprouve pas d'accident, elle arrive à maturité à la fin d'octobre; on choisit un beau temps pour l'arrachage, et on étale les tubercules en tas sur le sol; on les couvre pour la nuit soit avec les fanes mêmes, soit avec de la paille sèche et de la terre, afin d'éviter l'effet des gelées précoces. Quand les tubercules sont rentrés trop tôt dans les logements, et surtout en grande quantité, ils sont susceptibles de se corrompre. Une bonne méthode pour arracher les pommes de terre, c'est d'ouvrir chaque ligne avec la charrue à double versoir, et de secouer les tubercules au moyen d'une fourche en fer à trois dents aplaties qui sert à les recueillir.

105. La méthode de culture irlandaise sur couches nommées *lazy beds* ou *à la paresseuse* (1) est

(1) La singulière dénomination de ***lazy beds***, mot à mot ***couches paresseuses***, doit son origine à la faible dépense que causait autrefois ce système de culture. Voici de quelle manière les Irlandais procédaient à cette plantation : sur un champ ayant duré quelques années en pâturage et sans donner aucune façon préalable, on déposait les tubercules de semence au milieu du gazon; on recouvrait chaque plante d'une pelletée de terre enlevée dans une ligne voisine et on abandonnait la récolte à elle-même. Les tubercules se développaient sur la surface durcie du gazon, ce qui facilitait l'arrachage. Quelques cultivateurs avaient coutume de recouvrir d'une nouvelle pelletée de terre les premières tiges dès

préférable à toute autre pour les plantations d'automne, excepté dans les terres qui sont exposées à une trop grande sécheresse. Elle consiste à disposer le sol en planches ou plates-bandes ayant 1 mètre 33 centimètres de largeur, dans lesquelles on enfouit l'engrais par le même labour. On redresse les raies qui entourent chaque planche par un coup de versoir bien prononcé. On laisse entre chacune des plates-bandes un intervalle de 50 à 60 centimètres, destiné à devenir une tranchée dont la terre défoncée servira à recouvrir les tubercules de semence que des femmes déposent dans des trous ouverts à la pelle, et que des ouvriers garnissent en empruntant la terre de l'intervalle en tranchée. Par une autre manière, on dépose d'abord les pommes de terre et on les recouvre de fumier sur lequel on répand la terre enlevée à la tranchée. Quelquefois on ne donne pas de fumier à la plantation, mais c'est quand le champ est retourné après avoir duré en prairie pendant plusieurs années et qu'il contient une bonne quantité de terreau.

Un autre procédé, qui est probablement plus avantageux, consiste à labourer et à herser le champ, puis ensuite à tracer à la charrue les planches sur lesquelles on répand une quantité suffisante de fumier de ferme bien consommé. On dépose les tubercules

leur sortie du sol. Il paraît que pendant un certain laps de temps cette culture rudimentaire autant qu'économique n'a pas laissé que de produire d'assez fortes récoltes. Mais aujourd'hui on a tout à fait renoncé à cette manière, et celle qui conserve le vieux nom de *lazy beds* est très-rationnelle et mériterait d'être adoptée dans les pays où la maladie n'a pas cessé de faire son apparition. Cette méthode de cultiver sur des couches dont on augmente l'épaisseur en formant une tranchée, qui assainit en même temps chaque planche isolée, est en usage dans plusieurs pays de l'Europe pour quelques cultures spéciales qui rentrent plutôt dans l'exploitation industrielle du maraîchage.

sur des lignes opposées à la direction des rayons des planches, à 33 centimètres d'espacement, les lignes ayant une distance parallèle de 40 centimètres, et on recouvre à la pelle les semenceaux avec la terre meuble de la tranchée, de façon à former une éminence sur chaque plant. On donne un buttage aussitôt que les jeunes plantes se montrent hors du sol, et on sarcle exactement les herbes parasites, qui étoufferaient inévitablement la récolte, si l'on n'avait pas cette précaution.

En Angleterre, on cultive la pomme de terre d'après une autre méthode qui produit d'excellents effets. On enterre le fumier à la charrue; on égalise la surface par de bons hersages, et on forme des planches d'une grande largeur. On ouvre en travers des rayons à la houe, et on y dépose les tubercules, avec ou sans compost, puis on les recouvre en donnant un autre trait de houe. Chaque plant doit être espacé de 55 centimètres en tous sens; on a soin de donner des façons de sarclage et de buttage afin de remonter la terre autour des tiges et de supprimer les plantes parasites.

106. Le produit d'un hectare de bonne terre et convenablement cultivé, soit sur billons couverts, soit en plates-bandes, s'élevait ordinairement, avant la maladie de 1845, à 36,000 kilos. Une récolte semblable s'obtient encore quelquefois aujourd'hui; mais, depuis la fatale maladie, le rendement moyen ne s'élève guère qu'à la moitié de ce chiffre, ce qui tient à la plantation tardive ou à la négligence de la culture. Dans quelques mauvaises exploitations, la pomme de terre ne rend guère que la valeur des semences et des faibles dépenses d'une culture imparfaite. Ce résultat est d'autant plus regrettable que dans certains pays, comme l'Irlande, la culture de

cette plante occupe une plus grande surface annuelle que les emblaves de froment.

107. Cette terrible maladie, qui a frappé tant de millions d'habitants, est toujours aussi mystérieuse que dans l'année de sa première apparition. Des suppositions sans nombre ont cherché à rendre compte de son origine; des expédients de toute nature ont été proposés pour en prévenir le retour. Mais l'agriculture ne possède jusqu'alors aucun moyen pratique d'enrayer ce fléau. Les seuls procédés qui aient quelque valeur préventive sont de planter des espèces hâtives soit en automne, quand l'état de sécheresse du sol le permet, soit aux premiers jours du printemps. On obtient ainsi des tubercules qui ont pu parvenir à la maturité avant que les tiges ne soient envahies par la maladie.

108. Le prix de cette denrée a presque doublé depuis la rareté des récoltes occasionnée par le fléau. Les cultivateurs qui ont réussi à produire de forts rendements par une bonne exploitation, dans des circonstances favorables de sol et d'exposition, ont réalisé de grands bénéfices. On détaille les dépenses comme suit : frais de culture par hectare, 215 fr. + engrais (moitié seulement comptée pour les pommes de terre), 155 fr., + semence, 154 fr., + loyer et taxes, 90 fr., = total de la dépense, 610 fr. En estimant le produit de la récolte à 15,000 kilos seulement, chaque mille kilos reviendrait à 40 fr. et donnerait encore à la vente un certain excédant de profit.

109. La pomme de terre venue en maturité sur un champ exempt d'humidité offre un aliment agréable et salubre ; mais il en faut une grande quan-

tité pour maintenir les forces d'un ouvrier soumis à de grandes pertes par le travail. Les physiologistes enseignent qu'un homme ne peut s'entretenir qu'en recevant chaque jour une ration d'environ 190 grammes de substances azotées ou matières de nature animalisée et 450 grammes de substances à base de carbone. Or, 1,350 grammes de froment avec de l'eau fournissent cette ration alimentaire, tandis qu'il faut six fois le même poids de pommes de terre pour obtenir la dose indispensable à l'entretien de la vie d'un travailleur.

Un cheval du poids vivant de 450 kilos, soumis à un travail modéré, a besoin d'une ration journalière de 1,125 grammes de substances azotées et de 6,300 grammes de substances carbonacées. Cette ration se trouve dans 15 kilos de bon foin et dans 18 litres d'eau. Mais il faudrait donner 45 kilos de pommes de terre pour que l'animal trouvât sa ration nécessaire, et encore faudrait-il qu'il reçût le double de la quantité d'eau. Cela ne veut pas dire qu'une ration composée de 7 kilos 500 grammes de foin et de 22 kilos 1/2 de pommes de terre ne serait pas plus convenable que l'un ou l'autre poids de ces aliments administrés séparément. Employée à l'alimentation humaine, la pomme de terre est un auxiliaire précieux des autres matières plus riches en principes nutritifs, comme la farine ou gruau d'avoine ou celle du maïs. Et, quoiqu'elle soit un excellent aliment pour l'homme et les animaux, il vaudrait peut-être mieux la voir disparaître sans retour que de lui laisser regagner son importance des temps anciens, où elle constituait à peu près exclusivement la nourriture des classes laborieuses.

110. Le **topinambour** (*helianthus tuberosus*) appartient à la famille des *composées*. On le cultivait

bien longtemps avant l'introduction de la pomme de terre, mais l'abondance des tubercules de cette dernière et l'odeur plus agréable qu'elle possède ont fait disparaître le topinambour de la table du peuple, et il n'est resté qu'en qualité d'aliment de luxe. Cette plante mérite pourtant d'occuper une bonne place dans les productions agricoles, et dans certains pays on la cultive exclusivement pour la nourriture du bétail; elle est d'un excellent usage pour cette fonction. Le topinambour n'est sujet à aucune maladie végétale; il résiste au froid de nos hivers. Il produit de fortes récoltes, même sur des champs de qualité médiocre, enfin il ne demande guère de travail et n'exige que peu de fumier.

111. Quand cette plante a été cultivée dans un bon terrain, il est assez difficile de l'en faire disparaître. C'est pour cette raison que quelques agronomes recommandent de la planter dans des endroits réservés et non dans les champs soumis à la rotation régulière. On plante les topinambours sur un terrain labouré ou bêché et légèrement fumé; on les dispose en lignes, dans des trous formés avec un instrument à bras; on laisse environ 55 centimètres d'écartement entre chaque ligne et 40 centimètres entre chaque plant. Les façons suivantes se bornent à un sarclage pour détruire les mauvaises herbes. Il n'est pas nécessaire de retirer la récolte du sol, puisqu'elle ne craint pas les gelées; on peut la recueillir au fur et à mesure des besoins, en ouvrant le sol à la bêche. Il reste presque toujours assez de tubercules dans un champ pour qu'il ne soit pas nécessaire de planter l'année suivante. En répandant chaque année une légère quantité de cendres sur le champ, on assure une récolte passable pendant plusieurs années.

112. Un rendement de 24,000 kilos par hectare est une production ordinaire de topinambours, dans des champs de fertilité moyenne et amendés convenablement. Les tubercules contiennent 20 parties sèches sur 100 et environ sept millièmes d'azote. Les chimistes pensent que cette plante vaut mieux pour le bétail que la pomme de terre à poids égal et qu'elle équivaut au tiers de son poids en bon foin.

CHAPITRE XIV

Des récoltes sarclées (*Suite*)

SOMMAIRE. — Le chou : diverses variétés ; culture ; production ; équivalence de nourriture. — La navette : diverses espèces ; culture et production.

113. Le chou appartient, comme le turneps ou navet, à la famille des crucifères, et l'on pense que les nombreuses variétés cultivées en grande culture ou dans les jardins sont des améliorations obtenues de la plante sauvage qui croit sur les bords de la mer (*brassica oleracea*).

Les espèces les plus connues dans les fermes sont le chou hollandais ou à grosse tête, et le chou d'York qui est également pommé. Le chou-vache, qui s'élève beaucoup, et dont les feuilles sont éparses comme des branches, est très-estimé dans certaines régions pour l'entretien des vaches laitières ; cultivé sur de bonnes terres, il est d'une grande ressource à cause de sa production fourragère abondante, et on peut regretter de ne pas voir se répandre sa propagation.

114. Les sols qui conviennent le mieux à la culture du chou sont les terres franches et profondes. On obtient toutefois de fortes récoltes sur toute espèce de terrain de qualité ordinaire, pourvu que la préparation et les façons aient été bien exécutées, et qu'on ait appliqué une fumure abondante.

La culture préparatoire est exactement semblable à celle du rutabaga. Pour le chou hollandais cultivé sur billons, on donne à chaque plante un espacement d'un mètre, et on ne peut pas espérer une bonne récolte avec une quantité de fumier moindre de 70,000 kilos par hectare, excepté sur les sols naturellement riches.

115. Les mois de mars et d'avril sont ceux où doit se faire la plantation du chou. On se procure des plants en faisant un semis sur une couche bien amendée et ayant une grande profondeur, dès le commencement du mois d'août. Il ne faut pas plus de 700 grammes de semence pour obtenir du replant suffisant à un hectare, et ce premier semis peut s'effectuer dans un carré de jardin. On sarcle exactement la couche et on transplante dès le mois de septembre dans un terrain bien fumé et bien ameubli. On place ces replants à la distance de 8 à 12 centimètres en tous sens.

On laboure profondément le champ destiné à la culture du chou, et on enfouit le fumier dans un labour d'automne. On ameublit le sol avant la transplantation au moyen du scarificateur et de la herse; on tire ensuite des lignes au rayonneur et on transplante les choux à un mètre de distance en toute direction, au moyen du plantoir des jardiniers; ou bien on ouvre un sillon à la charrue et des femmes ou des enfants déposent sur la raie les replants dont on recouvre les racines au moyen d'un autre coup de versoir. On doit consolider la plante avec le pied et secouer la terre qui couvre les feuilles. Si le terrain était d'une grande fertilité ou abondamment engraissé, on pourrait planter dans les lignes, entre les choux hollandais, un plant de choux d'York, ou une ligne de ces derniers à 50 centimètres de distance sur deux lignes des premiers; dans ce cas, on peut cueillir les feuilles d'York aussitôt qu'elles paraissent et on les distribue aux porcs, aux moutons ou au gros bétail qui s'en trouvent fort bien; mais si le terrain n'est pas exceptionnellement fertile, il vaut mieux consacrer la culture seulement aux choux hollandais.

Quand on cultive une terre peu profonde et qu'on ne dispose pas d'une quantité suffisante d'engrais pour produire une forte récolte de choux, il vaut mieux planter la variété d'York, ou quelque autre espèce plus petite. Dans ce cas, les lignes ou les billons n'ont pas besoin d'un espacement de plus de 70 centimètres, et on plante à 40 centimètres d'un chou à l'autre.

Les soins de culture consistent à sarcler exactement les mauvaises herbes et à donner de l'ameublissement au sol en faisant passer entre les lignes le scarificateur à billons ou un instrument à bras. La récolte est en maturité au commencement de novembre; on enlève les têtes au couteau, autant que possible par un temps sec, et on les range en tas qu'on couvre de paille, comme on fait pour les rutabagas. De cette façon, la récolte se conserve quelque temps, mais la qualité des choux est d'autant meilleure qu'on les consomme plus vite après la maturité. Les queues et les troncs font un bon engrais.

116. Dans de favorables circonstances, le rendement d'un hectare de choux est très-considérable. On a souvent obtenu l'énorme poids de 120,000 kilos; mais la moitié de cette récolte peut encore passer pour un bon rapport.

L'usage le plus général du chou dans les exploitations rurales est celui de nourrir les vaches laitières; c'est une excellente destination pour la production de l'industrie des laitages, car le chou blanc ne communique pas l'odeur forte des rutabagas, de la navette et des autres plantes de la famille des crucifères; il contient 90 parties d'eau sur cent; mais les 8 ou 10 parties de matières sèches qu'il renferme sont très-nutritives, et on estime que le chou représente un équivalent du cinquième de son poids de foin normal. Ainsi la ration d'une vache étant supposée de 13 kilos par jour en foin, il faudrait, pour entretenir l'animal en bon état, 65 kilos de choux, ou, ce qui vaudrait mieux, la moitié de l'une et de l'autre ration. Quand on vend les choux à l'extérieur, on fait éprouver à la ferme une déperdition considérable, puisque cette plante contient six millièmes d'azote. Les chimistes pensent toutefois que cette récolte, qui enlève au sol une plus grande quantité d'azote que celle qui existe dans le sol et dans l'engrais qu'on y a appliqué, emprunte une partie de cet élément à d'autres sources, probablement à l'atmosphère, comme on admet que le font le topinambour, les fèves et les pois. Le cultivateur ne doit pas trop compter sur cet emprunt, et s'il veut obtenir de fortes récoltes de choux pour l'entretien de ses vaches et de ses troupeaux, il doit fournir au sol des fumures abondantes. La culture du chou-vache ne diffère pas de celle qui suit immédiatement.

117. La **navette** *(brassica napus sylvestris)* appartient comme le chou et le navet à la famille des crucifères (1). Cette plante se trouve à l'état spontané dans toutes les contrées de l'Europe. On la cultive depuis des siècles, soit pour sa graine dont on ex-

(1) On peut appliquer tout ce qui est dit ici de la navette au colza, qui n'en diffère qu'au point de vue botanique *(brassica oleracea sylvestris)*.

prime une huile comestible et combustible, soit pour ses feuilles qui sont une excellente nourriture pour les moutons et les gros bestiaux.

On distingue deux variétés : l'une, connue sous le nom de navette d'hiver, a des feuilles larges et sert particulièrement à l'alimentation du bétail ; quelquefois on la cultive aussi pour ses graines ; l'autre, connue sous le nom de navette de printemps, a des feuilles étroites et s'exploite exclusivement pour sa graine.

Au moyen d'une culture judicieuse, on peut obtenir de fortes récoltes de navette sur toute espèce de sol.

La navette d'hiver, cultivée pour fourrage ou pour ses semences, se sème en juillet ou en août ; celle d'été se sème en mars. Un kilogramme de graines suffirait pour la semaille d'un hectare ; mais comme les jeunes plantes sont sujettes à la destruction des insectes, altises, limaçons, etc., on en répand ordinairement 6 kilos quand on sème à la volée, et seulement la moitié quand on emploie le semoir.

118. On cultive souvent la navette comme plante fourragère en récolte dérobée, sur des terres qui viennent de porter du lin, des céréales, ou des pommes de terre hâtives. Après cette dernière récolte, un labour léger suffit d'ordinaire pour mettre le sol en état de recevoir la semence de navette. Mais si c'est après une récolte de grains ou de lin, il faut donner au champ une certaine quantité d'engrais en compost ou en fumier court et menu. On enterre cet engrais, soit avec le scarificateur, soit avec la herse, et on fait passer le semoir sur une surface bien meuble ; on donne ordinairement 66 centimètres d'écartement parallèle aux lignes.

Si l'on possédait un semoir à distribution d'engrais, il ne serait pas nécessaire d'enfouir le fumier avec la charrue. Un mélange de guano, de poussière d'os et de cendres fait un excellent compost qu'on distribue en proportion des besoins du champ. Dans les terres de fertilité ordinaire, une dose d'environ 125 kilos de chacune de ces matières est une fumure suffisante. Il faut observer qu'une proportion trop forte de guano pourrait nuire à la semence et anéantir la récolte.

Une autre méthode (1), peut-être préférable, pour obtenir une récolte dérobée de navette, c'est de faire un semis, sur un sol bien préparé et bien engraissé, vers la dernière quinzaine de juin, pour transplanter. On sème très-clair et on recouvre avec le râteau ou la herse légère; si la saison est sèche, il faut avoir soin de faire passer un rouleau sur la surface du sol, ce qui favorise la germination. Dès que les plantes sortent de terre, il faut se méfier des ravages de l'altise, qui est le plus grand fléau de cette récolte. Le meilleur moyen préventif consiste à répandre avant la nuit un arrosage d'engrais liquide étendu, qui favorise la croissance des plantes; ensuite on répand à la volée, sur la récolte humide, des cendres ou de la poussière de route à l'état pulvérulent. On prépare le champ où doit se faire la transplantation par un labour, une façon de scarificateur et un trait de herse. On enlève les plants à la bêche ou à la fourche, de façon à ne pas attaquer la fibre des tiges; des femmes ou des enfants les déposent à 50 centimètres d'espacement dans un sillon ouvert par la charrue, à la distance parallèle d'environ 66 centimètres. On répand un peu de fumier ou d'engrais en compost sur les racines des plants, et cela seulement dans le cas où la fumure n'a pas été enfouie à

(1) C'est le repiquage du colza qu'on fait en France.

la charrue ou qu'elle est insuffisante, et l'on recouvre le billon par un autre coup de versoir. On doit affermir les plants avec le pied, élever ceux qui sont trop enfoncés et dégarnir ceux qui ont été recouverts de terre.

Par l'un ou l'autre de ces procédés, on peut obtenir de bonnes récoltes fourragères au printemps, pour l'entretien des bestiaux ou pour la production des semences. Si l'on destine cette alimentation aux bêtes bovines, il vaut mieux la distribuer dans l'étable; si c'est pour les moutons, on la fait pâturer sur place, et on obtient ainsi une fumure de parcage peu coûteuse et d'une grande valeur.

119. Dans la culture de la navette d'été, on doit appliquer l'engrais avec le labour d'automne. Si la terre est suffisamment ameublie, on peut semer à la volée ou en rayons de 40 à 44 centimètres d'écartement. C'est habituellement à la volée que se fait la semaille; on répand 7 à 8 kilos de graines par hectare, et l'ensemencement est assez serré pour étouffer les plantes étrangères. Mais il faut éclaircir les plantes de navette et n'en laisser qu'un seul pied sur un espacement de 14 à 16 centimètres. Cette opération peut, du reste, se faire plus promptement en faisant passer un scarificateur ou une binette polysocs à travers la récolte.

La navette est souvent la première récolte qu'on demande à des terrains marécageux qui viennent d'être drainés ou écobués. On effectue ce dernier travail en enlevant le gazon de la surface du champ et en le brûlant dès les premiers jours de l'été. Ensuite on répand les cendres et on donne un coup de charrue et des hersages. On ne doit pas semer plus tard qu'au commencement d'août. La récolte ne reçoit guère d'autres soins le plus souvent, mais on augmenterait beaucoup son produit en faisant un éclaircissement à bras, de façon à ne laisser qu'une plante dans un espace de 14 à 16 centimètres, et en répandant sur le champ deux ou trois sacs de guano par hectare, ou en faisant un arrosement d'engrais liquide immédiatement avant de faire la semaille.

Quand la plupart des siliques sont mûres, on peut faire la récolte, et quand celle-ci est suffisamment sèche, on peut la battre sur le lieu même ou la mettre en meules comme les céréales. Le produit varie de 18 à 36 hectolitres de graines à l'hectare, en raison de la fertilité du sol, de la réussite de l'année et des soins qu'on a apportés à la culture. Dans de bonnes conditions, la navette rapporte un grand bénéfice et contribue à la fertilité d'un domaine; mais, comme récolte industrielle, vendue au marché, elle diminue beaucoup l'équilibre du sol. Aussi ne doit-on pas négliger, dans le cas d'exportation hors de la ferme, de remplacer une portion de sa valeur en achetant du guano, des os ou des tourteaux destinés à l'entretien des bestiaux.

CHAPITRE XV

Des céréales

SOMMAIRE. — Le froment, sa culture. — La jachère : sa place dans l'assolement ; ses accidents. — Récolte. — Produit. — Analyse chimique. — Système de Jéthro Tull et de M. Smith.

120. Le **froment** *(triticum)* est la plus importante des céréales. Nous ignorons le pays de sa première origine et l'époque où il commença d'être cultivé, mais on a des raisons de penser que le blé que les Égyptiens produisaient, il y a trois ou quatre mille ans, n'était pas différent de celui que nous cultivons en ce siècle. On a avancé que quelques espèces de graminées sont susceptibles de se transformer en froment par la culture, mais cette supposition n'est pas justifiée par des preuves évidentes.

On connaît un nombre infini de variétés de froment, et de temps en temps on porte à la connaissance du public agricole quelques espèces nouvelles qui résultent du croisement accidentel des variétés cultivées.

On classe les blés suivant leurs caractères différents, en grains durs et en grains tendres, froment d'hiver et froment de printemps ou d'été ; en blé rouge et blé blanc. Mais ces distinctions ne reposent pas sur des bases suffisamment invariables : le blé dur du midi devient tendre dans le nord de l'Europe, et les différences de couleur sont le résultat fréquent de la nature des terrains, etc.

Le cultivateur doit adopter les variétés qui réussissent le mieux dans son domaine, et c'est par l'expérience comparative des diverses espèces qui produisent le meilleur résultat qu'il faut fixer son choix. Il est certain que les bons soins de culture peuvent améliorer d'une manière remarquable une variété quelconque. On peut, du reste, faire ces expériences sur des parcelles de terre en dehors de la grande culture et choisir ensuite les espèces qui conviennent le mieux à la localité.

121. Les mois d'octobre et de novembre sont les plus favorables à la semaille du froment. Néanmoins, si la saison était trop pluvieuse ou que d'autres circonstances empêchassent d'ensemencer à ces époques, on pourrait encore semer, par un temps doux et sur un sol en bonne préparation, pendant tout l'hiver et même au printemps. Le blé connu sous le nom de mars ou d'avril se sème dans ces mois; mais on a fait l'expérience qu'en moyenne une récolte de cette espèce produit un revenu inférieur à l'orge ou à l'avoine.

Les terres franches, naturellement sèches et profondes, ou qui ont été assainies par le drainage et le sous-solage, sont celles qui conviennent le mieux au froment. Dans les meilleurs districts agricoles d'Angleterre, on obtient, à force d'engrais, des récoltes considérables, et sans interruption, de blé et de fèves ou de blé et de pommes de terre, alternativement. Dans tous les terrains de bonne qualité, dont l'élévation ne dépasse pas 160 à 200 mètres, on peut obtenir de bonnes récoltes de froment, pourvu que le sol ne soit pas humide et que l'exploitation agricole soit bien entendue. Le climat, dont le cultivateur ne peut modifier l'action, exerce une plus grande influence sur cette récolte que le sol lui-même. Les pays où la température reste basse en été et ceux où les pluies sont fréquentes au temps de la moisson sont défavorables à cette culture; les blés y sont sujets à des maladies atmosphériques, et, comme les grains renferment une trop grande proportion d'eau, leur valeur nutritive est comparativement inférieure.

122. La place qui convient le mieux au froment dans l'assolement, c'est après une culture fourragère, soit un trèfle retourné ou à la suite d'une récolte sarclée. Autrefois, on faisait la semaille du blé sur une jachère nue, c'est-à-dire sur une terre qui avait été en repos l'année d'avant et qui avait reçu plusieurs façons de labour, afin de détruire les mauvaises plantes et de pulvériser le sol. On sait par expérience que cette préparation agissait encore d'une autre manière, et qu'elle augmentait la fertilité du champ au point de produire une récolte passable. Quelquefois la jachère était chaulée ou fumée; d'autres fois elle ne recevait que les façons de labourage. Ce système est encore pratiqué dans quelques districts, surtout dans le sud de l'Angleterre, où la plupart des fermiers croient que les argiles compactes ont nécessairement besoin d'une jachère pour produire des récoltes. Il est vrai que d'autres cultivateurs sont persuadés qu'un bon drainage et l'emploi des charrues sous-sol permettent, même dans les terres les plus fortes, de cultiver la fève et le rutabaga, au lieu de la jachère stérile, comme préparation d'une récolte de froment. On peut admettre qu'il existe très-peu de terres où la culture des récoltes sarclées ne puisse pas remplacer avantageusement l'ancienne méthode de la jachère.

123. Les terres en trèfle ou en autre fourrage, qui doivent recevoir la semaille de froment, sont retournées à la charrue, de façon à ce que la bande de

gazon recouvre entièrement la semence. Un coup de rouleau donné ensuite égalise la surface du sol et assure la germination des grains d'une manière uniforme. La semence qui a été lancée à la volée retombe sous chaque bande pressée par le rouleau et lève en lignes. On emploie 2 hectolitres ou 2 hectolitres 1/2 par hectare. Quelquefois on prépare la prairie artificielle en rompant la couche superficielle par un coup de charrue légère donné à la fin de l'été; ensuite on donne quelques traits de herse pour briser le gazon et le diviser, puis on l'enfouit au moyen d'un labour profond. On ameublit la surface avec le scarificateur et la herse; on sème à la volée et on recouvre d'un trait de herse, ou bien on fait passer le semoir qui distribue en lignes.

Les champs qui ont produit une récolte sarclée ne reçoivent quelquefois qu'un hersage sur lequel on répand la semence à la volée, et on recouvre ensuite avec un coup de charrue. Ce procédé est grossier et ne rapporte pas beaucoup. Il vaut mieux, si la récolte sarclée était en billons couverts, ouvrir ces billons à la charrue, et donner un hersage pour répandre l'engrais régulièrement sur le champ, ensuite donner un trait de scarificateur et de herse, ou un labour suivi d'un hersage, et faire la semaille au semoir en lignes de 28 à 40 centimètres d'écartement. Les conditions de temps et de fertilité du sol étant égales, on a reconnu que les semailles faites de bonne heure et les terres les plus riches exigent la moindre dépense de semence. Pour des champs fertiles et bien préparés, si l'on sème en octobre ou dès les premiers jours de novembre, une quantité de semence de 1 hectolitre 1/2 est généralement suffisante.

Quelquefois, le froment est semé en plantation, c'est-à-dire en faisant des trous de 5 centimètres de profondeur et écartés de 10 centimètres l'un de l'autre, où l'on dépose seulement un ou deux grains; on recouvre ensuite en donnant un trait de herse garnie de menus branchages et faisant le balai. On fait cette plantation soit à la main, soit avec un plantoir en canne creuse, ou au moyen d'une machine très-ingénieuse qui dépose une douzaine de grains à la fois dans douze trous différents. On se sert enfin d'une machine à planter qui est conduite par un cheval. Quel que soit celui de ces procédés qu'on adopte, la dépense de semence ne s'élève pas au delà d'un tiers d'hectolitre par hectare.

Si la récolte de froment manquait de vigueur au printemps, on pourrait activer sa végétation en répandant un poudrage de 100 à 200 kilos de guano par hectare; il faut choisir un temps humide pour cette opération et faire ensuite passer la herse sur la récolte. Un poids de 120 kilos de nitrate de soude, ou même la moitié de cette dose, mélangé d'autant de sel ordinaire et répandu de la même façon, a toujours pour effet d'augmenter le produit de la moisson.

Les soins subséquents que réclame le froment sont un binage entre les rayons, quand on a semé en lignes, et on l'exécute à bras ou avec une houe à cheval. Les plantes parasites sont ainsi détruites, et la surface du champ est maintenue dans un état de pulvérulence qui facilite l'absorption de la rosée et des pluies, et qui prévient dans une grande mesure le crevassement du sol.

124. Les cultures du froment sont exposées à un grand nombre d'accidents. Les saisons humides occasionnent souvent la pourriture des semences confiées à un terrain imperméable qui s'oppose à l'écoulement de l'eau. Un bon drainage fait disparaître cet

8

inconvénient. Les alternatives de gelée et de dégel de la saison d'hiver déracinent et soulèvent les jeunes plantes, et cet accident est surtout fréquent sur les terres qui contiennent beaucoup de matières organiques; le meilleur remède consiste à consolider le sol en y répandant des terres argileuses. Les larves de nombreux insectes, ainsi que diverses espèces de limaçons, dévorent la récolte et l'anéantissent quelquefois au printemps; on détruit les limaces en répandant, à l'entrée de la nuit, de la chaux fraîchement éteinte; le rouleau produit encore un bon effet, et le meilleur moyen de combattre les larves de l'élater et les autres insectes, c'est de faire passer sur la récolte un rouleau dans le genre de celui de Croskill. La cécydomie, dans certaines années, dépose ses œufs sur les froments pendant la floraison, et les larves dévorent le grain au moment de sa formation. Nous ne connaissons jusqu'alors aucun remède contre ce fléau. La rouille, le charbon, la carie sont des végétations cryptogamiques qui attaquent les feuilles, les chaumes, les bales ou les grains. Les seuls moyens préventifs qu'on emploie habituellement consistent à faire tremper les semences dans un bain d'urine ou dans de l'eau contenant une dissolution de sel ordinaire et de couperose bleue (sulfate de cuivre) et à dessécher les grains pour les semer en les mêlant dans des cendres ou dans de la poudre de chaux récemment éteinte.

On doit moissonner le froment avant que les grains soient parvenus à un état de maturité qui les exposerait à se répandre par l'action d'un vent violent. Il résulte même d'expériences bien vérifiées que le blé qui a été coupé une semaine avant sa maturité complète fournit de meilleurs grains et une plus grande quantité de farine. On se sert pour abattre les froments, soit de la faucille avec laquelle huit ou neuf moissonneurs coupent la récolte moyenne d'un hectare dans un jour, soit de la faux qui n'emploie que le quart du même temps, soit enfin de la machine à moissonner qui peut couper 6 à 8 hectares par jour, étant conduite par une paire de forts chevaux. On lie ensuite les froments en gerbes de 33 centimètres de diamètre, et on les réunit en tas ou meulons sur le champ même; quand la dessiccation est complète, on les transporte à la ferme, où on les met en meules; ensuite on fait le battage.

125. Le rendement du blé varie suivant la nature du sol, les conditions du climat et les soins qu'on a apportés à la culture. On a des exemples de champs ayant produit au delà de 50 hectolitres par hectare. Mais la moyenne des récoltes publiées par la statistique officielle en Angleterre n'atteint guère que la moitié de ce rendement, soit environ 26 hectolitres. En Irlande, la production moyenne obtenue sur 500,000 acres (130,000 hectares) ne s'élève guère qu'à 13 hectolitres.

De tous les produits agricoles, c'est le froment qui, dans une quantité donnée, renferme en plus forte proportion toutes les substances essentielles à la nourriture de l'homme et des animaux domestiques. C'est par conséquent une récolte très-épuisante. Chaque hectolitre de blé enlève au sol environ 1,400 grammes de matières minérales, et chaque quintal métrique de paille (100 kilos) en absorbe environ 4 kilos 500 grammes. La proportion de ces mêmes matières minérales est encore plus considérable dans les bales, puique celles-ci en contiennent à peu près 12 kilos sur 100 kilos.

126. Les chimistes nous apprennent qu'une récolte de 10 hectolitres de froment, avec la paille

(qu'on estime une fois et demie le poids du grain, et les bales comptées au cinquième de ce dernier poids), enlève au champ producteur les éléments minéraux suivants :

Silice...............	37 kil.	500 gr.
Potasse............	14	»
Chaux..............	3	750
Magnésie	2	800
Acide phosphorique...	9	400
— sulfurique.....	1	875
Fer (environ)........	»	468

Un agronome célèbre, M. de Gasparin, *Cours d'agriculture* (tome III, p. 630, Paris, 1847), donne l'analyse de vingt-cinq espèces de froment, dont deux seulement, — un blé anglais et un autre écossais, — ne contenaient que 2 p. 100 d'azote (dose équivalente de 12 p. 100 de matière produisant la viande). Tous les autres froments ont fourni des nombres un peu inférieurs à 3 p. 100 d'azote (ou plus de 17 p. 100 de matières à viande appelées composés protéiques par la chimie). Ainsi une récolte de 10 hectolitres de l'un des deux échantillons les plus pauvres renfermait *15 kilos 444 grammes d'azote*, tandis que la même quantité des autres variétés analysées contenait *24 kilos 400 grammes d'azote.*

127. Malgré la proportion considérable de matières minérales et d'azote qu'une récolte de froment enlève au sol, on trouve encore aujourd'hui des partisans du système que Jéthro Tull a préconisé et expérimenté avec quelque succès, il y a environ un siècle. Cet agronome pensait qu'au moyen d'une complète pulvérisation du sol et de binages multipliés entre les lignes plantées en froment on pouvait obtenir d'abondantes récoltes sans avoir besoin

d'employer les engrais (1). Il semait trois ou quatre lignes de blé à 22 ou 25 centimètres de distance parallèle, et il laissait entre chaque rangée un espace de 2 mètres. A la fin, il avait adopté deux lignes de blé et 1 mètre 33 centimètres d'intervalle en jachère. Il entretenait la propreté du sol dans les lignes plantées en donnant des binages et des sarclages à bras, et il remuait les grands intervalles à la charrue et à la houe à cheval pendant l'été. Ces intervalles en jachère recevaient les trois lignes de blé dans l'année suivante, de telle façon que la moitié de la superficie du champ était cultivée, tandis que l'autre moitié restait en jachère chaque année. Le champ de Tull, qui n'était que d'une qualité moyenne, produisit par ce régime de bonnes moissons treize années de suite. M. Smith, de Lois-Weedon, en Angleterre, a repris cette méthode, et, depuis une dizaine d'années, il obtient de fortes récoltes chaque année dans le même sol, et il espère réussir ainsi indéfiniment. Il est difficile d'admettre qu'il se trouvera dans les terres en expérience une fourniture illimitée d'acide phosphorique, qui passe pour être essentiel à la production du froment, sans parler des autres substances. C'est, toutefois, un sujet bien digne d'appeler l'attention des agriculteurs qui ont du goût pour les méthodes expérimentales.

(1) Tull ne proscrivait pas les engrais, mais il croyait que leur action n'était utile que pour faciliter la pulvérisation du sol. « Le fumier, disait-il, ne nourrit pas les plantes, mais il dissout et divise les substances terrestres qui entrent dans les racines. » Et ailleurs : « Le labourage avec les engrais pulvérise le sol en moins de temps que quand il n'y a pas de fumier ; mais le labour seul peut avec plus de temps produire l'ameublissement du sol aussi bien. »

(Tull, *Husbandry*, 4e édit., p. 30. Londres, 1762.)

Il faut dire que la chimie, au temps de Tull, n'avait pas encore réussi à faire une analyse complète des produits végétaux.

CHAPITRE XVI

Des céréales (*Suite*)

SOMMAIRE. — L'orge : ses variétés ; sa place dans l'assolement ; sa culture ; sa valeur nutritive. — L'avoine : sa culture ; son produit ; sa valeur alimentaire. — Le seigle : son emploi et sa culture.

128. L'**orge** (*hordeum*) est une céréale qui, comme le froment, est cultivée depuis un temps immémorial ; elle servait autrefois presque exclusivement à l'alimentation des habitants de l'Europe, et, dans les contrées septentrionales, on en fait encore un grand usage, soit pour faire le pain, soit pour préparer une boisson.

On cultive surtout deux espèces d'orge ; l'une ayant quatre rangs de grains dans l'épi (*hordeum vulgare*) ; l'autre qui n'a que deux rangs (*H. distichum*). Il y a plusieurs autres variétés d'orge, parmi lesquelles l'orge chevalier, l'orge chancelier, l'orge nue, l'orge céleste sont les plus estimées. Cette céréale réussit dans un grand nombre de sols et de climats ; elle se cultive depuis l'Égypte à la Laponie ; sur les terrains les plus rapprochés du niveau de la mer jusqu'à ceux dont l'élévation atteint 8,000 mètres, comme en Suisse. Avec des soins de culture rationnelle, on peut obtenir de bonnes récoltes sur toute espèce de sols ; les argiles compactes, les terres graveleuses conviennent à cette céréale ; il n'y a que les terres marécageuses qui refusent de la produire. Les sols qui sont plus spécialement favorables à l'orge sont les terres franches, profondes et suffisamment mélangées de sables et de graviers.

129. C'est à la suite d'une récolte sarclée qu'il convient de semer l'orge. On la cultive habituellement après une moisson de froment; mais, dans ce cas, il faudrait toujours intercaler entre les deux céréales, une récolte dérobée de navette ou de turneps qu'on ferait consommer sur place par un parcage de moutons; ou bien il faut donner au champ une fumure de guano ou d'autres engrais. Faute de cette précaution, la terre épuisée par le froment ne sera plus en état de produire une bonne récolte de trèfle ou d'autre fourrage qu'on sème ordinairement en même temps que l'orge.

Quand on met l'orge après une récolte sarclée et fumée en billons, il convient d'abord d'ouvrir ces billons et de donner un hersage pour répartir l'engrais restant sur tout le champ. On laboure ensuite en travers, ou on donne un coup de scarificateur afin de produire un bon mélange des terres. On sème, après avoir hersé, avec un semoir dont les lignes ont 28 centimètres d'écartement, ce qui permet de donner des binages interlinéaires à la houe à cheval. La quantité de semence varie suivant l'époque de la semaille et l'état du champ. Si celui-ci est d'une bonne qualité et que la semaille se fasse en mars, un hectolitre et demi sera une quantité suffisante; mais si le terrain est de qualité inférieure et qu'on n'emblave qu'au mois de mai, il est nécessaire de donner plus de 2 hectolitres par hectare.

Quelques cultivateurs emploient d'autres méthodes d'ensemencement; les uns répandent la semence à la volée et la recouvrent par un binotage, ou un coup de charrue à un seul cheval; d'autres répandent la semence dans le sillon de la charrue, soit à la main, soit au moyen d'une boîte fixée sur le corps de la charrue. Il existe un autre procédé qui mérite d'être recommandé aux praticiens; il consiste à tracer, avec le binot ou l'ariot, des sillons très-rapprochés les uns des autres, après que le champ a reçu un bon labour ou un coup de scarificateur suivi d'un trait de herse; ensuite on sème à la volée et on recouvre par un hersage.

130. On sème ordinairement les prairies artificielles avec l'orge, soit immédiatement après la semaille de grains, soit seulement quand ceux-ci sont déjà levés. On répand ces semences à la volée ou au semoir; on les recouvre d'un trait de herse garnie de brins en balai, et on donne un coup de rouleau. Si le sol est riche et qu'on ne veuille conserver la prairie qu'une année, on peut répandre environ 175 litres de ray-grass d'Italie; si la prairie est destinée à durer deux ans, on sème seulement un sac de 100 kilos de ray-grass anglais (*lolium perenne*) et 8 kilos de trèfle rouge par hectare. Si la récolte paraissait languissante faute de fertilité du sol, on pourrait provoquer son développement en répandant un poudrage de 100 kilos de guano, ou d'une même quantité d'un mélange égal de nitrate de soude et de sel ordinaire. On ne doit faire cette application que par un temps humide, et seulement avant le tuyautage des céréales.

L'orge est moins exposée que le froment à l'attaque des insectes et aux maladies; elle se recueille à la faux, excepté dans les cas où elle est trop couchée. Si la saison est pluvieuse au moment de la moisson, il faut prendre garde à la germination qui décolore et altère les grains et leur enlève une grande valeur sur les marchés.

131. Quand les circonstances sont favorables, la récolte d'un hectare d'orge peut s'élever audelà de 60 hectolitres; mais une quantité de 35 à 40 hectolitres peut passer pour une bonne moisson, et cette moyenne s'obtient dans les bonnes exploitations. L'orge est une récolte qui enlève au sol une plus grande quantité de matières minérales que le froment. On estime même, en moyenne, l'abstraction de ces dernières environ à un tiers de plus que dans le blé; mais celui-ci est plus épuisant en azote puisqu'il en contient 2 ou 3 p. 100, tandis que l'orge n'en contient guère que 1 et 3/4 p. 100.

Quelques cultivateurs croient que l'orge maltée est d'un meilleur usage pour la nourriture du bétail qu'à l'état de grains desséchés naturellement, mais cette opinion ne paraît pas bien justifiée.

132. L'**avoine** *(avena sativa)* est une autre céréale que l'homme cultive depuis les temps les plus reculés. Elle formait la base de l'alimentation des anciens peuples du nord de l'Europe, et dans quelques contrées arriérées elle compose encore, pour une part importante, la nourriture des classes laborieuses. Mais son emploi principal, dans les pays septentrionaux, sert à l'entretien des chevaux, tandis que dans les régions du sud c'est l'orge qui reçoit cette destination.

On cultive une grande variété d'avoines, et l'on doit s'attacher à produire les espèces qui donnent le meilleur rendement et qui sont plus susceptibles de s'accommoder des terres et du climat où l'on possède une exploitation agricole.

133. Presque tous les sols conviennent à cette récolte, à la condition qu'ils soient exempts d'humidité stagnante et qu'ils soient mis en bonne culture.

Dans un bon système d'assolement, c'est ordinairement l'avoine qui commence la rotation, et on la fait sur une prairie artificielle retournée ou, comme l'orge, à la suite d'une récolte sarclée. On prépare la terre en retournant par un labour aussitôt que les premiers beaux jours de l'année le permettent, de façon à activer la décomposition des gazons au profit des jeunes plantes. Il est utile de donner un coup de rouleau aux semailles fraîchement labourées.

On sème de bonne heure en mars, dès que la terre est en état de recevoir les façons. L'avoine d'hiver, qui résiste bien aux gelées, se sème en octobre ou en novembre.

On peut préparer les champs pour l'avoine au moyen d'un binotage, comme on l'a dit pour le dégazonnement au sujet du froment (§ 123), ou simplement par un labour ordinaire; ensuite on sème à la volée. Quand l'avoine se place après une récolte sarclée, on prépare le sol et on fait la semaille, absolument comme pour l'orge. On peut du reste semer les prairies artificielles avec l'une ou l'autre de ces deux céréales. On emploie environ 250 litres d'avoine pour un hectare si l'on sème à la volée, et un tiers de moins si l'on se sert du semoir.

On abat l'avoine avec la faux garnie d'un râtelet de bois; on la met en gerbes, puis en meulons sur le champ même. Quand elle est suffisamment sèche pour qu'on n'ait plus à craindre l'échauffement, on la transporte à la ferme et on la dresse en meules couvertes avec soin.

134. Le produit d'une récolte d'avoine varie suivant les conditions de la terre, du climat et de la culture. Une très-bonne récolte peut s'élever jusqu'à

70 hectolitres par hectare ; mais 40 à 45 hectolitres sont une moyenne obtenue dans les bonnes exploitations.

Ordinairement, on bat l'avoine avant de la donner aux chevaux ; mais il est préférable de la distribuer sans être battue et découpée en menus fragments. La paille s'élève, année moyenne, à peu près une fois et demie au poids du grain ; il est toujours facile de vérifier cette proportion. En la distribuant hachée et sans séparer le grain, avec un mélange de carottes ou de rutabagas cuits, on peut entretenir les chevaux, même pendant les plus forts travaux, dans une bonne condition. L'avoine enlève au sol une très-forte proportion de matières minérales qu'on peut estimer le double de celle qu'absorbe une récolte de blé.

135. La valeur nutritive de l'avoine a été estimée bien différemment par les chimistes. Einhoff prétend qu'elle est très-inférieure à celle du froment et de l'orge. D'après cet auteur, un poids de blé de 100 kilos contiendrait 78 kilos de matières nutritives. Le même poids d'orge en contiendrait 64 kilos, et celui d'avoine n'en fournirait que 52 kilos.

Les chimistes français estiment que l'avoine contient 13 p. 100 de matières protéiques ; mais M. Norton élève ce dernier chiffre à 20 p. 100, et des expériences récentes semblent confirmer cette dernière évaluation.

136. Le **seigle** *(secale cereale)* formait autrefois la principale nourriture des habitants du nord de l'Europe. Encore aujourd'hui, les peuples de la Russie, de l'Allemagne, de la Belgique et de quelques contrées montagneuses de la France font usage de pain de cette céréale. Néanmoins, dans tous les

pays où l'agriculture est en progrès, le pain de froment a remplacé celui de seigle, au grand avantage des classes laborieuses.

Les espèces qu'on cultive le plus sont le seigle d'hiver et celui de printemps. Celui qu'on nomme de la Saint-Jean se cultive plus particulièrement pour servir de fourrage en automne et au printemps.

Le seigle donne des récoltes passables sur les terres trop pauvres pour produire le froment. On le sème en même temps que ce dernier, et il arrive à maturité plus promptement, ce qui rend sa culture possible sur des terres dont l'élévation au-dessus de la mer ne permettrait pas au blé de mûrir.

La préparation du sol, la quantité de semence sont les mêmes que pour le froment. Le rendement en poids, dans les bonnes terres, est à peu près égal.

On sème fréquemment le seigle seul ou en mélange avec des vesces, pour récolte fourragère. Il réussit d'autant mieux qu'il a été semé de meilleure heure en automne. Le seigle de la Saint-Jean se sème, dans ce but, au milieu de l'été, comme son nom l'indique.

CHAPITRE XVII

Des plantes légumineuses

SOMMAIRE. — La fève ; sa culture ; ses accidents ; son produit ; s composition. — Le pois. — La vesce.

137. La **fève** *(vicia faba)* est une plante de la famille des légumineuses dont la graine est un aliment farineux. On la cultive depuis les temps les plus reculés, soit pour l'usage de la table à l'état de légume frais, soit pour la nourriture des animaux à l'état sec. Il existe plusieurs espèces de fèves, parmi lesquelles la féverole de cheval et celle d'hiver sont les plus généralement adoptées. Cette plante préfère les terres fortes et profondes ; mais tous les champs à froment peuvent en produire de bonnes récoltes.

138. La fève d'hiver doit se semer en octobre ou novembre ; les autres variétés se sèment au printemps, dès que l'état du sol le permet. On la cultive toujours sur billons, suffisamment écartés pour permettre le passage de la houe à cheval. La semaille d'un hectare exige un peu moins de 2 hectolitres.

139. Sa place dans l'assolement est à la suite d'une céréale. On prépare le sol par un labour profond donné immédiatement après la moisson ; on enfouit en même temps une quantité suffisante de fumier ; on donne ensuite un coup de scarificateur et un hersage, afin de bien mélanger l'engrais dans le sol et de l'ameublir profondément. On répand la

semence au semoir dans des lignes tracées au rayonneur. Pour assurer la récolte, c'est une bonne pratique de répandre un peu de cendres sur la semence dans les billons, afin de fournir à cette plante la potasse qu'elle absorbe en grande quantité, comme l'analyse le démontre. On recouvre les lignes d'un trait de herse. Quelques agriculteurs préfèrent ouvrir des billons, comme pour le rutabaga, y répandre le fumier et y déposer ensuite la semence. On obtient d'excellentes récoltes de cette manière; mais la préparation des billons et la conduite du fumier peuvent rarement s'effectuer en janvier ou en février sans nuire au sol et par suite à la récolte. On sème quelquefois les fèves à la volée sur une prairie artificielle à retourner; on donne ensuite un labour ordinaire. Ou bien on répand la semence dans chaque sillon ouvert par la charrue, soit à la main, soit au moyen d'une boîte placée sur le corps de la charrue. Mais on n'obtient de bonnes récoltes par cette méthode que dans les champs de première qualité, parce que la destruction des plantes parasites n'est guère possible. Lorsqu'on cultive de cette façon, il faut employer un tiers de semence en plus.

Les façons qu'on donne aux fèves sur billons consistent en autant de sarclages à la houe à cheval qu'il en faut pour maintenir le sol en état de propreté et pour détruire les mauvaises plantes. On entretient ensuite l'ameublissement de la surface du champ au moyen d'un scarificateur à billons, et on rechausse les plantes avec un buttoir à double versoir.

140. Les fèves sont sujettes à l'attaque d'un insecte *(aphis fabæ)* qui se pose sur l'extrémité des tiges et qui suce les jus de façon à paralyser entièrement la croissance de la plante. Le moyen qui

réussit le mieux dans ce cas, c'est de faire couper par des femmes l'extrémité des tiges sur une longueur de 5 à 6 centimètres.

On doit recueillir les fèves aussitôt que la plus grande partie des gousses prend une couleur foncée; on les met en gerbes, puis en meulons, et, quand elles sont sèches, on les rentre et on les dresse en meules bien couvertes. Quand la récolte conserve trop d'humidité, la paille prend une mauvaise couleur et perd beaucoup de sa qualité; les graines trouvent aussi une vente bien plus difficile.

141. Dans des circonstances favorables, le produit d'un hectare de fèves peut s'élever à 60 hectolitres; mais la moyenne accusée par les statistiques n'est que de la moitié de ce chiffre.

142. Si l'on prend en considération la grande proportion d'azote que renferme une récolte de fèves, on sera convaincu que c'est une plante très-nourrissante, mais en même temps très-épuisante pour le sol. Les grains contiennent jusqu'à 5 p. 100 de leur poids en azote, et la paille sèche en donne 2 p. 100. Toutefois, dans la pratique habituelle, on ne tient guère compte de ces considérations; on regarde, au contraire, la fève comme une récolte améliorante et on la fait précéder le froment. Il est probable que cette plante emprunte l'azote à d'autres sources qu'au fumier, dans une mesure plus grande que les autres récoltes. L'usage principal de la fève, c'est de servir à l'alimentation des chevaux; on peut dire que c'est la plus nourrissante des denrées végétales. Les tiges qui ont été recueillies en temps opportun, découpées au hache-paille, sont également précieuses comme fourrage. On a donné la fève moulue ou grossièrement broyée en mélange

avec le turneps, pour engraisser les bœufs; mais le résultat n'a pas été proportionné à la valeur de la même dépense en tourteaux. La fève, distribuée aux chevaux soumis à un fort travail, constitue un excellent aliment, en raison de la forte proportion de matière azotée qu'elle contient. Une ration d'avoine et de fèves concassées par moitié paraît être ce qu'il y a de plus convenable pour maintenir les chevaux de travail en bon état.

143. Le **pois** (*pisum sativum*) est une plante qui produit des grains farineux comme la fève et le haricot; il appartient à la même famille. On le cultivait chez les anciens, et c'était l'un des aliments ordinaire des Romains. Les peuples de quelques contrées, par exemple l'Écosse, en consomment chaque année de grandes quantités. Si la pomme de terre devait disparaître de l'Irlande et qu'elle fût remplacée par le maïs, il serait désirable que la farine de pois fût mélangée à ce dernier pour augmenter la dose d'azote, dont il est très-pauvre, et pour former un aliment plus agréable.

144. Le pois réussit surtout dans les terres franches légères, mais fertiles. Un champ trop fumé produirait des tiges et des feuilles abondantes, mais le grain y ferait défaut. L'espèce qu'on cultive le plus est le pois gris ou *pisaille*. Sa place dans l'assolement peut être celle d'une récolte de céréale. On prépare le champ par un labour profond d'automne; on sème 2 hectolitres par hectare. La meilleure manière, c'est de répandre en lignes avec un semoir, en laissant un écartement de 66 centimètres. Si la terre était peu fertile, on devrait distribuer quelque compost avec la semence.

Par une autre méthode, on répand la semaille sur

un champ convenablement ameubli. On donne une fumure, s'il est nécessaire, et on retourne la semence par un léger labour. Il faut, dans ce cas, semer un peu plus épais, et la récolte garnissant bien le sol étouffe toutes les plantes parasites, ce qui dispense de donner d'autres façons. On peut encore semer en même temps qu'on laboure, en déposant la semence à la main dans un sillon sur deux, au moyen d'une boîte adaptée à la charrue. Enfin, un autre procédé consiste à tracer des rayons, à 66 centimètres d'écartement, sur un champ labouré et ameubli par un coup de scarificateur et de herse, et à déposer la semence à la main ou au semoir dans chaque rayon; ensuite on recouvre par un hersage.

Quand on adopte la culture en billons, il faut sarcler les lignes à la houe à cheval. Dès que la récolte est mûre, on la fauche et on la fane comme les autres fourrages. On la rentre ensuite; on la met en meules bien abritées. La fève, comme nous l'avons vu, contient une très-forte proportion d'azote; en consultant le tableau des éléments contenus dans les végétaux (17), on remarque que cette plante absorbe aussi beaucoup de matières minérales, surtout de la potasse et de l'acide phosphorique. Néanmoins, avec un bon système de culture et l'emploi d'une grande quantité de fumier appliqué sur cette récolte, on a obtenu avec succès, pendant une longue suite d'années sur le même champ, des fèves et du froment en culture alterne.

Le pois, comme la fève, contient une forte proportion de matières azotées. L'expérience a prouvé que cette légumineuse agissait dans l'économie animale plutôt en formant de la chair musculaire que de la graisse. Mélangé avec le maïs, le pois forme une alimentation très-puissante qui favorise en même temps la sécrétion graisseuse; avec l'orge broyée et la graine de lin, il constitue un mélange plus favorable à l'engraissement du bétail et plus économique que les tourteaux oléagineux.

145. La **vesce** *(vicia sativa)* est une autre plante légumineuse qu'on cultive, soit pour sa graine, destinée aux pigeons et même aux bêtes à cornes, soit plus spécialement pour fourrage vert. C'est, en effet, l'une des plus précieuses plantes fourragères. On en connaît deux variétés : l'une d'hiver, l'autre de printemps, dont le caractère botanique est le même. C'est par la culture que la vesce d'hiver est devenue assez rustique pour braver les rigueurs du froid. La vesce se cultive souvent en récolte dérobée ; on la sème en automne sur une terre dont on vient d'enlever la récolte ; elle peut être recueillie d'assez bonne heure pour permettre immédiatement une culture de rutabagas ou d'une autre récolte sarclée.

146. La vesce d'hiver se sème par un temps sec, depuis le commencement d'août jusqu'à la fin d'octobre ; on sème l'autre dès les premiers jours du printemps et dès que l'état du sol le permet. Dans ces deux cas, on prépare le sol par un profond labour d'automne, et l'on enfouit en même temps l'engrais qu'on juge nécessaire. La terre destinée à recevoir la semence doit avoir été ameublie par un trait de scarificateur et de herse ; on sème à la volée environ 250 litres par hectare, et l'on recouvre par un hersage. Quelques cultivateurs préparent leurs terres par des labours en ados ou en planches de 3 mètres 30 centimètres, et ils relèvent sur l'ados, à la pelle, les terres pulvérulentes d'un espace laissé entre les planches. Mais ce travail n'est pas nécessaire. La vesce d'hiver, semée de bonne heure en automne dans un sol convenable, peut se faucher

dès les premiers jours de mai. Les chevaux, les bœufs, les moutons et même les porcs sont très-avides de ce fourrage; mais les bêtes bovines, qui en font usage à l'état frais, surtout quand il est mouillé, sont sujettes à la météorisation. C'est pourquoi il est utile de ne leur distribuer la vesce qu'un jour après l'avoir fauchée.

On sème ordinairement avec la vesce, pour l'empêcher de verser, des graines de céréales, seigle ou orge, dont on emploie environ 1 hectolitre par hectare. Un mélange de fèves, de seigle et de vesce, à la dose d'un hectolitre de chaque espèce par hectare, qu'on sème de bonne heure en septembre, produit une forte récolte fourragère très-convenable pour chevaux, bœufs ou porcs.

CHAPITRE XVIII

Des plantes fourragères

SOMMAIRE. — La luzerne : culture et produit. — Le sainfoin. — Le trèfle : variétés ; particularités. — Des plantes fourragères permanentes. — Mélange pour diverses prairies. — Récoltes des foins. — Accidents.

147. La **luzerne** (*medicago sativa*) est une plante légumineuse très-estimée et très-répandue dans les bons pays agricoles. Sur les sols qui lui conviennent, en obtient chaque année quatre ou cinq coupes d'excellent fourrage qu'on fait consommer en vert par les chevaux et les bêtes bovines. C'est une plante d'une grande valeur alimentaire.

La luzerne exige un sol profond, exempt d'humidité dans le sous-sol ; elle ne fournit de bonnes récoltes que sur les terres naturellement riches, ou sur celles qui ont reçu une forte fumure.

On prépare le sol par un labour profond en automne, et on enfouit en même temps le fumier si le champ a porté précédemment une récolte épuisante. Afin d'approfondir le sous-sol et de permettre aux racines de pivoter et d'atteindre les matières minérales dans des couches plus profondes, on fait passer la charrue sous-sol derrière la charrue ordinaire. La terre reste en guéret tout le temps de l'hiver, et au commencement d'avril on sème la luzerne à la volée, à raison de 30 kilos par hectare. On recouvre d'un trait de herse et d'un coup de rouleau si le temps est à la sécheresse. Dès que les jeunes plantes apparaissent, il faut retrancher les herbes nuisibles; le succès des récoltes futures dépend particulièrement du soin qu'on a pris dans la première année d'entretenir le sol exempt de plantes parasites dont la croissance est plus hâtive que celle de la luzerne. Pour faciliter cette opération, on sème quelquefois en lignes ayant 40 à 50 centimètres d'écartement; ce qui permet de sarcler à la houe à cheval. Quoique cette pratique soit incontestablement la meilleure, elle n'est pas généralement adoptée. Le plus souvent on sème la luzerne, comme le trèfle, dans une céréale de printemps.

148. Les cultures suivantes consistent à donner chaque année, à l'entrée de l'hiver, une façon avec le scarificateur à dents très-serrées, et à distribuer un poudrage de compost, ou un arrosement d'engrais liquide. Les chevaux et les vaches sont très-friands de ce fourrage dont le produit, dans les bons champs, peut dépasser deux ou trois fois celui des meilleures prairies naturelles. Un hectare de bonne luzerne, coupé et consommé à l'étable, peut suffire à l'entretien d'une douzaine de chevaux pendant la moitié de l'année. Et comme ce fourrage est très-nourrissant, les animaux peuvent fournir un travail modéré en recevant seulement une faible quantité de grain. La récolte cesse d'être productive vers la cinquième ou sixième année; on doit alors la retourner pour faire place à une autre culture. La luzerne ne peut revenir sur le même champ qu'après un intervalle de quelques années.

149. Le **sainfoin** *(hedysarum onobrychis)* est une plante fourragère qui peut durer plusieurs années. Il réussit surtout sur un sol profond, sec et calcaire. Sur les terres maigres où la pierre

est abondante, il produit un fourrage vert ou sec d'une valeur alimentaire supérieure à toute autre plante. On sème 250 litres par hectare, soit à la volée sur un sol bien amendé et ameubli, soit en lignes ayant 33 à 40 centimètres d'écartement. La destruction des plantes nuisibles doit avoir lieu très-exactement ; il faut aussi faucher la récolte et non la faire pâturer. A l'automne de la première année, on peut donner un ou deux arrosages d'engrais liquide, ou un poudrage de compost. En prenant le soin de distribuer après chaque coupe un arrosement d'engrais liquide, on peut faucher trois fois dans une saison pour nourrir en vert, ou deux fois si l'on veut avoir du fourrage sec. Il y a beaucoup de terrains secs, graveleux, calcaires où la roche affleure presque la surface, dont on peut tirer parti avantageusement en y semant le sainfoin. Une variété nommée sainfoin géant a été signalée depuis quelque temps comme étant plus abondante que l'espèce ordinaire.

150. Le **trèfle** est une plante légumineuse dont on cultive plusieurs espèces, parmi lesquelles le rouge, le blanc et l'incarnat sont les plus répandues. Cette plante précieuse réussit sur un grand nombre de sols, pourvu qu'ils soient exempts d'humidité, qu'ils aient de la profondeur, et qu'ils soient suffisamment fertiles. Les terres franches qui contiennent une suffisante quantité de calcaire sont celles qui lui conviennent le mieux. C'est le trèfle rouge qu'on cultive le plus ordinairement ; il dure rarement plus de deux années. Une autre espèce *(trifolium medium)*, qui ne paraît être qu'une variété du précédent, peut durer plusieurs années ; le trèfle blanc est tout à fait vivace et peut former des prairies permanentes.

151. On sème ordinairement la graine de trèfle seule ou en mélange avec d'autres semences fourragères, particulièrement du ray-grass vivace, en même temps que l'avoine ou l'orge. On peut encore répandre cette semaille sur les jeunes froments, en avril. Dans ce cas, il faut donner, avant de semer, un trait de herse sur le blé, et faire passer ensuite le rouleau qui suffit pour recouvrir les semences. Quelques agriculteurs ne sont pas partisans de mettre le trèfle sur une récolte de céréales; ils préfèrent le semer séparément. Ils donnent immédiatement après la moisson un bon labour et un hersage en même temps qu'une fumure de compost; ensuite ils sèment le trèfle à la volée ou avec le semoir; ils recouvrent d'un trait de herse à mailles ou à balai et font passer le rouleau pour terminer.

152. On emploie quelquefois pour l'ensemencement d'un hectare 16 kilos de graines de trèfle et 45 litres de semences de ray-grass vivace; mais 8 kilos de trèfle rouge et 90 litres de ray-grass sont la proportion la plus convenable. Si la prairie artificielle doit durer plus de deux ans, il convient de semer une partie de trèfle blanc avec le trèfle rouge. On vante les bons résultats de quelques variétés nouvelles de trèfle qui seraient bien supérieures au trèfle blanc. Le cultivateur doit s'assurer de la valeur de ces plantes avant de les acheter à un prix souvent élevé. Le trèfle incarnat qui avait une grande vogue il y a quelques années n'a pas soutenu la réputation qu'on lui avait faite inconsidérément.

Le trèfle rouge seul ou en mélange avec d'autres plantes fourragères produit un excellent fourrage sec, mais il a besoin d'être recueilli en bonne saison pour pouvoir se faner convenablement. Il forme également un bon aliment de pâturage; toutefois il est plus profitable de le faucher pour le distribuer en vert à l'étable. Il a le même inconvénient que la vesce de déterminer la météorisation du gros bétail quand il est consommé immédiatement après être coupé, ou qu'il est chargé d'humidité. Pour éviter cet accident, il est bon de ne le donner aux animaux qu'après l'avoir exposé au soleil pendant quelques heures après la fauchaison.

153. On a remarqué dans la pratique agricole que le trèfle ne revient bien dans le même champ qu'après un intervalle de quelques années. Les cultivateurs disent, pour expliquer ce phénomène, que la terre est fatiguée du trèfle ou qu'elle est affaiblie par cette récolte. On suppose encore vulgairement que les racines du trèfle excrètent une matière nuisible à la nouvelle plante qui ne peut végéter de nouveau qu'après la décomposition de ce prétendu poison. Il est possible qu'il n'existe dans le sol qu'une proportion limitée de quelques éléments, comme la chaux qu'on sait si nécessaire au trèfle, et que ces éléments aient besoin de se reformer avant de pouvoir produire une nouvelle récolte de la même plante. D'autres personnes prétendent que la cause de la non-réussite consécutive du trèfle doit être attribuée à l'attaque de quelques insectes ou aux mauvaises semences, etc.; il se peut que quelques-unes de ces causes soient de nature à empêcher la revenue de cette plante.

154. Les plantes qu'on cultive dans les prairies naturelles appartiennent à la famille des *graminées*, la plus importante de toutes pour l'humanité, puisque c'est elle qui renferme toutes les céréales et même la canne à sucre. Les progrès de l'agriculture ont permis d'obtenir des plantes plus riches ou plus abon-

dantes pour la nourriture des animaux que les herbages des graminées. Toutefois, ces dernières espèces conviennent particulièrement pour la culture des prairies naturelles, et pour la création des pâturages sur des terrains arides qui ne sont pas susceptibles d'être cultivés d'une manière plus avantageuse.

Les botanistes comptent 3,800 espèces de plantes graminées sur la surface du globe, et l'Europe n'en possède pas la dixième partie. Comme plantes fourragères, et indépendamment des céréales, il n'y a guère qu'une douzaine d'espèces qui méritent l'attention du cultivateur, et leurs noms botaniques sont:

1° *Alopecuris pratensis*, vulgairement vulpin des prés;
2° *Phleum pratense*, ou thimothy;
3° *Dactylis glomerata*, ou dactyle pelotonnée;
4° *Festuca pratensis*, ou fétuque des prés;
5° *Lolium perenne*, ou ray-grass anglais, ou ivraie vivace;
6° *Poa trivialis*, ou paturin commun;
7° *Cynosurus cristatus*, ou crételle;
8° *Festuca duriuscula*, ou fétuque duriuscule;
9° *Anthoranthum odoratum*, ou flouve odorante;
10° *Festuca ovina*, ou fétuque ovine;
11° *Lolium italicum*, ou ray-grass d'Italie;
12° *Agrostis stolonifera*, ou agrostis traçante.

155. Si l'on voulait créer une prairie sur des sols de bonne qualité, dans une position peu élevée et un peu abritée, on pourrait choisir les six premières espèces de cette liste, dans la proportion de 90 litres du n° 5, 4 kilos des cinq numéros suivants, et on ajouterait 3 kilos de trèfle vivace (*trifolium medium*) pour un hectare.

Sur un sol de moindre qualité, ou sur des terres situées à une grande élévation, on pourrait semer par hectare un mélange de 90 litres du n° 5, 6 kilos de chacun des numéros 7, 8 et 9, avec 6 à 7 kilos de trèfle blanc.

Sur des montagnes très-élevées, la proportion de semence pour une même surface serait de 90 litres du n° 5, 7 kilos du n° 10, 7 kilos du n° 7, et 7 kilos de trèfle blanc.

Pour créer, dans une exploitation du système alterne, des prairies qui ne doivent durer qu'une seule année ou deux ans au plus, le ray-grass d'Italie est la plante qui produit le meilleur rendement; mais il exige un terrain profond, bien engraissé, et une situation abritée. Si ces conditions ne se trouvaient pas réunies, il vaudrait mieux semer par hectare 50 à 90 litres de ray-grass vivace et 8 à 16 kilos de trèfle rouge.

Une prairie qu'on créerait dans un lieu susceptible d'être irrigué produirait de bons résultats avec un mélange de 90 litres du n° 5, 6 kilos des nos 1, 4 et 6, et 2 ou 3 kilos du n° 12.

156. Les terres qu'on destine à la création de prairies permanentes doivent préalablement être drainées, et même approfondies par le sous-solage. Il faut ensuite s'attacher à détruire les plantes spontanées qui occupent le sol, et le meilleur moyen d'y parvenir, c'est d'y faire une ou deux récoltes sarclées. On sème habituellement les graines de prairies avec une céréale d'été, soit à la volée, soit au semoir. La couverture de ces semences fines exige quelques précautions, car si elles se trouvaient enfouies à plus de 2 centimètres, la plupart ne germeraient pas. C'est pour éviter cet accident qu'on emploie une herse fine et légère ou, ce qui vaut encore mieux, la herse à mailles ou un autre instrument qu'on appelle herse-brosse. On termine l'ensemencement par

un coup de rouleau, indispensable surtout dans les terres qui sont sèches. Les plantes fourragères qu'on sème avec une céréale nuisent plus ou moins à la végétation de cette récolte ; le ray-grass d'Italie qui possède un tallage abondant en été produit particulièrement cet inconvénient. Aussi quelques praticiens préfèrent-ils ne semer le trèfle et les autres fourragères qu'après l'enlèvement de la moisson. Dans ce cas, on prépare le sol par un bon labour, on donne une fumure et on sème les fourragères sur une surface bien meuble et bien nettoyée. C'est dans le mois d'août que se fait cette opération, et s'il arrive une pluie quelques jours après, la végétation se trouve, au mois de novembre, aussi vigoureuse que si l'ensemencement avait eu lieu en même temps qu'une céréale de printemps. Si l'on prend la précaution de donner à la prairie artificielle, après chaque coupe, un poudrage de cendres ou d'engrais pulvérulents, ou bien un arrosement d'engrais liquide, on peut compter sur une augmentation de produit dont la valeur dépassera la dépense faite en engrais, et, par la même occasion, on assurera la réussite de la récolte de grains qui doit succéder à la prairie.

Il est désavantageux de faucher ou de faire pâturer les plantes fourragères semées au printemps ou dans l'automne, dès la première année de leur croissance, parce qu'en agissant ainsi on paralyse le développement des racines des plantes. Quand la prairie doit durer deux ans, on a l'habitude de faucher la récolte la première année et de la faire pâturer dans l'année suivante ; mais quelques agriculteurs préfèrent la méthode inverse.

157. L'opération du fanage ou récolte des foins a une grande importance sous le rapport écono-

mique. On doit faucher les prairies au moment où la plus grande partie des plantes est en fleur. Si l'on attendait que les semences fussent en maturité complète, non-seulement on épuiserait le sol, mais on perdrait encore une grande portion de la valeur nutritive des plantes, soit parce que la maturité des graines enlève aux tiges une partie de leurs éléments, soit parce que les semences se répandent elles-mêmes sans profit. Quand l'herbe est fauchée, on ne doit pas la laisser exposée trop longtemps à l'air, encore moins à la pluie, qui dissout et entraîne les sucs essentiels. La partie fauchée dans la matinée doit, autant que possible, être étendue, retournée et mise en petits tas à la fin du jour. Le lendemain, après la rosée, on doit l'étendre de nouveau et la ramasser en tas plus forts. On laisse reposer ces tas pendant un ou deux jours; on les ouvre ensuite et on les étend, puis on en forme des tas à peu près de la charge d'un cheval. On laisse le foin en cet état pendant plusieurs jours, jusqu'à ce que l'échauffement ne soit plus à craindre, et on le transporte à la ferme pour l'emmagasiner. Chaque ferme devrait posséder un toit fixe ou mobile pour préserver le foin rentré chaque jour de l'échauffement et de l'humidité. Dans les contrées où la température est souvent humide, on doit, pour éviter ces accidents, prendre des soins tout particuliers. Quand on le laisse trop longtemps dans le pré, on perd certainement une partie du fourrage qui se trouve exposé à l'air. Quelques praticiens sont d'avis qu'en répandant environ 7 kilos de sel par 1,000 kilos de foin, on prévient les dégâts des insectes en même temps qu'on rend le fourrage plus salubre pour les animaux. Les meules de foin doivent être bien couvertes et serrées avec des cordes, pour éviter l'altération que produit l'air atmosphérique.

158. Les prairies, tant naturelles qu'artificielles, sont quelquefois envahies par la mousse, qui résulte surtout de l'humidité du sol. Le remède indiqué dans ce cas, c'est le drainage ; ou, si la mousse paraissait dans un terrain drainé, ce serait un indice de l'épuisement du sol. On pourrait alors appliquer une fumure en poudrage ou faire pâturer un troupeau auquel on distribuerait des racines sur le sol même.

Les plantes nuisibles doivent être soigneusement extirpées des terres cultivées en prairie. Les chardons, les ciguës et les autres plantes dont la végétation est vigoureuse doivent être arrachées quand le sol est humide et avant la maturité de leurs graines. La valeur de ces plantes comme engrais dépasse le prix que coûte cet arrachage.

CHAPITRE XIX

Des plantes textiles

SOMMAIRE. — Le lin : sa culture; diverses méthodes ; son produit ; avantages de cette récolte. — Le chanvre : sa culture.

159. Le **lin** *(linum usitatissimum)* est une plante cultivée et employée à la fabrication des tissus depuis les temps les plus anciens, particulièrement dans les nations de l'Orient. On dit que cette plante est originaire d'Europe, mais il est plus probable qu'elle nous est venue de l'Asie. On trouve des variétés diverses de lins spontanés dans presque toutes les régions européennes; mais on ne cultive que l'espèce connue dans les arts industriels.

Cette plante est l'objet d'une grande exploitation sur le continent et même en Amérique. Sa culture, à peine connue en Irlande en 1840, a reçu un grand développement depuis quelques années seulement. Les bénéfices qu'elle produit annuellement sont un encouragement pour les agriculteurs qui n'en fournissent pas encore assez pour alimenter les nouvelles fabriques, qui comptaient 650,000 broches en 1856.

Les terres profondes et produites par les alluvions limoneuses sont celles qui conviennent le mieux à la culture du lin; les climats qui sont souvent arrosés par les pluies sont particulièrent favorables à cette plante. On peut, toutefois, obtenir de bonnes récoltes dans tous les sols fertiles, au moyen d'une exploitation rationnelle.

On peut semer le lin sur un champ qui vient de rapporter une céréale, ou après une récolte sarclée. En Flandre, on donne une forte fumure qu'on enfouit par un labour d'automne, et l'on répand en outre, au moment de la semaille, des engrais pulvérulents ou des engrais liquides. On ne suit pas cette méthode en Irlande, parce qu'on prétend qu'elle produit une fibre grossière et que la récolte n'est productive que dans les sols d'une grande fertilité.

On prépare la terre par un bon labour d'automne; au printemps, on donne une façon de scarificateur et de herse; on roule ensuite, et on ne fait la semaille que sur un champ bien ameubli par les façons précédentes. Le succès de la récolte dépend particulièrement de l'état du sol au moment de l'ensemencement. On n'éprouverait que des échecs si, à cette époque, la terre était humide ou malpropre, ou dans une mauvaise condition d'ameublissement.

160. C'est au commencement d'avril la saison la plus favorable pour semer le lin. On emploie 260 litres de graines par hectare, qu'on répand à la volée, et avec une grande égalité de main, sur une surface bien nivelée. Si la quantité de semence était inférieure à celle indiquée et que le champ fût en bon état de fertilité, les tiges du lin deviendraient trop fortes et ne donneraient que des fibres dures d'une valeur peu élevée. Il est vrai que la quantité des graines serait dans ce cas plus abondante, mais la valeur de ces dernières ne compenserait pas la dépréciation qu'on éprouverait sur la vente de la fibre. Il faut donc s'attacher à produire une bonne récolte fibreuse et peu de graines. On recouvre la semaille au moyen d'une herse très-légère, qu'on peut garnir de brindilles d'épine, ou mieux encore avec la herse à mailles. Si la terre est sèche on

donne un coup de rouleau. La semence de Riga passe pour être la meilleure.

Le sarclage des plantes étrangères, qui se trouvent toujours dans une culture de lin, même quand on a pris le soin de cribler la semence, demande quelques précautions particulières, faute desquelles on compromet la réussite de la récolte. Les ouvrières chargées de cette besogne doivent avoir les pieds nus, pour ne pas endommager les jeunes plantes qui sont très-délicates.

On reconnaît l'approche de la maturité du lin quand les tiges prennent une couleur jaunâtre, que les feuilles inférieures se détachent et que les graines deviennent résistantes. Si l'on veut recueillir la graine pour semence, il faut attendre qu'elle soit devenue d'une couleur brune.

161. Il y a plusieurs manières de traiter le lin. Quelques praticiens prétendent qu'afin d'obtenir la plus forte quantité possible de fibres d'une finesse recherchée des acheteurs il est indispensable de sacrifier la semence, et qu'il faut arracher le lin dès que les tiges changent de couleur, et quand les graines sont encore molles. Dans ce cas, l'arrachage doit se faire avec soin; on forme de petites bottes de lin qu'on dépose en une seule fois dans des fosses d'eau ou routoirs. Autant que possible, ces fosses doivent être dans un sol argileux, et dans une situation qui permette à l'eau de se répandre sur des champs placés au-dessous de leur niveau, afin de ne pas perdre le bénéfice des eaux ayant servi au rouissage qui sont un excellent engrais. On dépose dans les fosses les bottes ou javelles de lin en couches obliques, les racines étant placées en bas; on les maintient dans cette position au moyen de pierres ou de pièces de bois. Au bout d'une dizaine de

jours, plus ou moins, suivant l'état de la température et la nature de l'eau, la désorganisation des tiges est accomplie, et l'on peut aisément séparer la fibre du bois de l'intérieur. On retire immédiatement le lin du routoir, on le laisse égoutter sur les bords quelques instants, ensuite on l'étale également et par couches peu épaisses sur une prairie, ou même sur une éteule de céréale, si l'on n'a pas à proximité une prairie récemment fauchée. Le lin reste en cette position à peu près une quinzaine de jours, pendant lesquels on doit le retourner plusieurs fois. Quand la blancheur est égale dessus et dessous, on profite d'une belle journée pour le lier en bottes, et l'on en fait de petits tas sur le lieu même jusqu'à ce que le tout soit parfaitement sec; alors on transporte la récolte à la ferme et on la serre dans un magasin, ou on la dresse en meules qu'on couvre avec le plus grand soin.

162. Une autre manière consiste à laisser le lin sur pied jusqu'à ce qu'il soit beaucoup plus avancé que dans le cas précédent; on l'arrache alors et on détache la graine en la faisant passer entre les dents d'un peigne de fer. On fait ensuite sécher la semence à l'air ou sous un hangar, ou même dans une étuve; elle peut se conserver longtemps quand elle a été parfaitement desséchée, et c'est un aliment précieux pour le bétail. Après qu'on a retiré la graine, on lie le lin en javelles, on le met en fosse, et on l'expose ensuite sur le pré pour sécher comme il a été dit dans le procédé précédent.

La méthode flamande, connue sous le nom de méthode de Courtrai, que la Société de Belfast recommande d'une façon toute spéciale, consiste à laisser mûrir la graine afin qu'elle puisse servir de semence ou être employée à la fabrication de l'huile.

Dans ce traitement, on arrache le lin et on le met en tas sur le champ, sans le lier; quand il est suffisamment desséché, on le met en bottes qu'on transporte à la ferme, ou on le dresse en meules comme le froment. On fait le battage à loisir, et on dépose le lin dans les routoirs seulement au printemps ou dans l'été, puis on l'étale sur le pré. De cette manière toute la graine est recueillie, et on obtient ces belles fibres qui se placent à un prix si élevé dans les pays flamands. Les semences obtenues de la graine de Riga réussissent aussi bien que cette dernière; mais il paraît que cette qualité ne persiste pas plusieurs années de suite et qu'il faut avoir recours à la graine de Russie.

163. Le produit d'un hectare de lin, cultivé dans de bonnes conditions, a souvent dépassé 1,200 kilos de fibres peignées; mais la moyenne de la culture d'Irlande (sur 140,000 acres) s'est trouvée de 780 kilos par hectare.

Le poids de la fibre peignée est ordinairement le huitième de celui du lin bien séché en tiges; 800 kilos de fibres représentent donc une récolte de 6,400 kilos. Le poids de la graine ne s'élève guère au delà de celui de la fibre quand la récolte est très-serrée; mais si la plantation est clair-semée, le produit en graines est trois fois plus élevé que le produit en fibres.

164. On a toujours considéré le lin comme une récolte très-épuisante: c'est au point que quelques propriétaires imposent dans leurs baux des clauses formelles d'interdiction ou du moins de restriction de cette culture. Cette opinion ne manque pas de fondement; les tiges et les semences du lin contiennent en effet une forte proportion d'azote, et dans

le traitement de la récolte où l'on sacrifie la graine (161) on perd toute la quantité de cet azote. C'est pourtant le procédé le plus en usage dans certaines régions. Mais le lin n'est pas une récolte épuisante dans toutes les circonstances; sir Robert Kane a démontré que la fibre, la seule partie que le cultivateur exploite, n'enlève presque rien au sol. Or, si l'on recueille la graine, soit pour la distribuer au bétail, soit pour la vente, on peut, en retenant dans ce dernier cas les tourteaux, conserver toute la contenance en azote dans le domaine. Et si l'on remplace la valeur des graines vendues par l'achat d'autres tourteaux, on peut, loin d'appauvrir par cette récolte, augmenter notablement la qualité des engrais produits dans la ferme. Quant aux éléments de fertilité contenus dans les tiges et qui se dissolvent dans le routoir, on peut encore en tirer parti au profit du sol, en disposant les fosses de manière à permettre l'écoulement de l'eau sur des champs situés inférieurement.

165. Le bénéfice qu'on peut retirer d'une récolte de lin dépend des diverses circonstances de la température, du sol, des procédés de culture. Dans les pays où cette plante est exploitée avec intelligence, les agriculteurs y trouvent leur compte, puisque la surface cultivée en lin s'augmente d'année en année.

Dans quelques contrées, la vente du lin se fait sur pied, ou à l'état de plante sèche avec ou sans la graine; mais cet usage prive le producteur d'une partie du bénéfice industriel qu'il peut réaliser dans la préparation du lin.

On a fait des recherches nombreuses pour trouver un procédé plus expéditif que le rouissage ordinaire, qui n'est pas sans inconvénient pour la salubrité publique à cause des émanations qui s'échappent des fosses. Depuis quelques années on a indiqué un moyen qui consiste à faire tremper le lin dans une eau tiède, où la séparation des substances gommeuses qui unissent les fibres entre elles s'effectue dans l'espace de soixante à soixante-dix heures. Il paraît que ce rouissage peut s'exécuter à peu de frais par les habitants de la ferme, et néanmoins on continue jusqu'alors à employer l'ancienne méthode de routoir.

166. Dans un bon sol, soumis à une saine exploitation, on peut obtenir en moyenne 5,000 kilos de lin sec et 750 litres de graines. Les chimistes ont reconnu que la semence contient 4 p. 100 et les tiges 1/2 p. 100 d'azote, soit pour la récolte d'un hectare 55 kilos d'azote. Ils nous disent en outre que cette même récolte enlève au sol environ 35 kilos d'acide phosphorique et deux fois ce dernier poids de matières alcalines. Ces indications suffisent pour montrer combien cette récolte est épuisante, mais si la semence et les matières solubles des tiges sont recueillies avec soin et judicieusement utilisées, on peut faire que cette culture soit l'une des moins épuisantes et des plus lucratives que l'agriculture puisse obtenir.

On peut établir le compte de la culture d'un hectare de lin de la manière suivante :

Loyer du sol et taxes.	90 fr.	489 fr.
Labours et façons préparatoires. . . .	45	
Semences, 260 litres.	80	
Sarclages.	34	
Arrachage, fanage, mise en tas. . . .	60	
Battage, rouissage et blanchissage. .	60	
Peignage et transport.	120	
Produit :		
100 paquets de lin de 7 kil. à 7 fr. 50 c.	750 fr.	894 fr.
8 hect. 60 de graines à 17 fr.	144	
Bénéfice.		405 fr.

Il faut admettre dans ce compte que la valeur des graines ou des tourteaux est égale à celle des engrais employés à la production de la récolte, et qu'on les fait consommer dans la ferme.

167. Le **chanvre** (*cannabis sativa*), qu'on cultive peu en Angleterre, est l'objet d'une culture très-répandue en France, en Italie, en Russie et dans l'Amérique septentrionale. Il exige une terre riche et profonde. Toutes les parties de cette plante contiennent une grande proportion d'azote et, si l'on néglige les graines et les éléments solubles dans les fosses ou routoirs, cette récolte est très-épuisante. Si, au contraire, on utilise ces matières dans la ferme, on peut en retirer un excellent profit.

168. La préparation du sol est la même que pour le lin. On sème à la volée, dans le courant de mai, 220 litres par hectare et on recouvre la semence d'un trait de herse. Les plantes mâles peuvent être arrachées dès le moment de leur inflorescence ; mais les tiges femelles restent sur pied jusqu'à la maturité de leurs graines. Les procédés de rouissage et de dessiccation sont les mêmes que pour le lin, et les émanations du chanvre altèrent l'eau et l'air comme lui. Le produit de cette récolte, dans des conditions favorables, est souvent plus élevé et plus lucratif que celui du lin ; mais le chanvre ne prospère que sur les terres les plus fertiles et cette circonstance paralyse l'extension de sa culture.

CHAPITRE XX

De l'entretien du bétail

SOMMAIRE. — Nouvelle méthode d'agriculture. — Engrais perdus. — Choix du bétail. — Entretien des animaux à l'étable ou stabulation. — Des bœufs. — Des moutons. — Des porcs. — Equivalents des fourrages. — Des chevaux.

169. Depuis quelques années, le progrès de la science agricole a démontré par des expériences concluantes que tout le succès de cette industrie dépend de la quantité et de la qualité de l'engrais dont le cultivateur fait usage dans son domaine. Le vieux proverbe : *le fumier fait la farine* est revenu en vigueur. Mais les bonnes méthodes de culture, les labours profonds, les façons d'ameublissement et de nettoiement du sol sont de puissants auxiliaires des engrais. On peut dire mieux : les soins d'une bonne exploitation peuvent, à la rigueur, sans engrais et jusqu'à un certain point, procurer des récoltes meilleures que celles qu'on obtient avec les anciens procédés de la routine, c'est-à-dire par une culture négligée et avec des fumiers qui ont perdu toute leur valeur. Le cultivateur intelligent qui veut obtenir des rendements élevés doit donc combiner ses travaux avec l'emploi judicieux d'une quantité d'engrais.

170. Il est probable qu'avant longtemps l'économie rurale sera à même d'utiliser les éléments de fertilité qui se perdent chaque jour dans nos villes

d'une manière désolante. L'emploi de ces engrais fera certainement baisser le prix du guano, ou bien l'agriculture trouvera ailleurs des sources nouvelles de fertilité. Ce sera en tous cas un heureux résultat pour le producteur et pour le consommateur. Mais, en attendant, c'est surtout sur le fumier produit dans la ferme que le cultivateur doit compter, et pour en obtenir une grande quantité il n'y a qu'un moyen, c'est d'entretenir du bétail et de ne rien laisser perdre de l'engrais qu'il fournit.

171. Le meilleur système de culture est celui où au moins la moitié des terres est chaque année consacrée à la production des plantes utiles à l'alimentation du bétail. Le cultivateur peut, dans ce cas, entretenir un nombre d'animaux proportionné à l'étendue de son exploitation, surtout s'il ajoute à la ration des tourteaux oléagineux. Les profits qu'on peut retirer du bétail dépendent entièrement des bons soins et de l'administration, comme les pertes sont la conséquence des procédés négligents et de l'incurie du fermier. Si l'on choisit des animaux de bonne race, qu'on les tienne dans des étables bien disposées, qu'on leur fournisse une nourriture suffisante et régulière, on ne peut guère manquer d'être avantageusement payé de ses soins. Mais si l'on néglige ces conditions de réussite et qu'on ne se donne pas la peine de recueillir l'engrais, qui est une forme de revenu produit par les animaux, l'industrie agricole ne laissera que des résultats négatifs.

172. Pour retirer le plus grand profit des bestiaux, il faut les nourrir à l'étable pendant toute l'année. Avec des choux blancs, des betteraves et du foin, les vaches donneront d'aussi bon lait en hiver qu'au printemps et qu'en été; avec du trèfle

et du ray-grass fauché en vert, et surtout avec une partie de ration en vesce, la sécrétion laiteuse sera bien plus abondante dans la belle saison que si l'on envoie les vaches dans des pâturages où elles sont exposées à l'ardeur du soleil et aux attaques des mouches. Dans ce dernier cas, le carbone et l'azote de leurs déjections se perdent en s'évaporant dans l'atmosphère, tandis que recueillies à l'étable ces matières assurent la fertilité des récoltes futures.

Chaque animal doit occuper à l'étable une place d'environ 3 mètres en longueur et en largeur; une séparation en planches isole chaque bête de façon à ce qu'elle soit libre de ses mouvements et à l'abri des dérangements. Une litière suffisante doit entretenir la propreté du sol et absorber l'humidité. Il n'est pas nécessaire de déranger souvent les animaux pour enlever les fumiers. Cette opération peut se faire seulement une fois tous les deux ou trois mois. Une fosse doit naturellement exister dans chaque boxe, et si l'espace le permet, un passage réservé entre deux rangées de têtes sert à faire la distribution fourragère. Le poids et le piétinement de l'animal entassent le fumier et préviennent la décomposition, et dans une certaine mesure la fermentation. Si l'on enlève ensuite l'engrais et qu'on l'enfouisse immédiatement dans les champs par un labour, la perte des éléments organiques est réduite à sa moindre expression.

173. Pour les bœufs à l'engrais, l'entretien qui produit les meilleurs résultats consiste à distribuer des rutabagas, découpés en petits morceaux au coupe-racines, en mélange avec des pailles menues et hachées. On améliore la ration journalière en donnant à chaque bête 1 ou 2 kilos de tourteaux concassés. On peut remplacer les tourteaux par un

mucilage de graines de lin bouillies dans l'eau qu'on répand sur la paille hachée, et on ajoute une portion d'un kilo ou d'un kilo et demi de farine de pois, de fèves, d'orge ou d'autres graines, par jour et par animal. Pour le jeune bétail, il vaut mieux le laisser en liberté dans des parcs couverts et pourvus d'une litière abondante ; on lui distribue pendant l'hiver des racines et de la paille avec une petite portion de tourteaux, pendant l'été la nourriture verte. En fait d'élevage de toute espèce d'animaux, un principe essentiel à observer, c'est de ne pas souffrir de dépérissement, parce que l'abstinence d'une bête non adulte nuit considérablement au développement des muscles et des os pour l'avenir.

174. L'élevage du mouton, favorisé par l'extension de culture sur des terrains autrefois abandonnés à la végétation spontanée, prendra sans doute d'année en année une plus grande importance dans l'industrie rurale. Au moyen du drainage, du sous-solage, des irrigations, on peut mettre en valeur des sols montagneux où toute culture était autrefois réputée impossible. Ces circonstances seront certainement favorables à l'agriculture, qui trouvera dans l'exploitation de la race ovine une nouvelle source de profits. Le cultivateur doit en tout cas choisir des races qui conviennent à la nature de ses terres et au climat de la contrée.

175. Les porcs de races améliorées, entretenus avec du trèfle en été et avec des carottes bouillies en hiver, produisent une grande somme de revenus aux agriculteurs qui s'occupent de cette spécialité. Pour l'engraissement de cet animal, il faut ajouter aux rations précédentes du maïs, des pois, de l'avoine ou du son. On ne doit pas négliger les

soins de propreté, qui ont une grande influence sur la santé de cet animal, et surtout l'entretien d'une température élevée et constante dans les porcheries.

Les chimistes-physiologistes ont fait de longues et savantes recherches afin de déterminer comparativement la valeur alimentaire des diverses plantes qui servent à l'entretien des animaux. M. Boussingault a publié (*Economie rurale*, 2e édit., 1851) des tableaux indiquant la quantité d'azote renfermée dans les divers aliments. Voici quelques-uns des résultats obtenus :

SUBSTANCES à l'état DE SÉCHERESSE ORDINAIRE.	EAU dans 100 parties.	AZOTE dans 100 parties.	Équivalent.
Foin normal........	13 0	1 15	100
Luzerne en fleurs fanée....	15 0	1 92	60
Féverolles	12 5	5 11	23
Pois jaunes...........	8 9	3 83	30
Froment............	14 5	1 97	58
Avoine..............	14 0	1 90	61
Orge	13 0	2 14	54
Maïs...............	17 0	2 »	58
Pommes de terre....	70 0	» 40	287
Carottes	87 6	» 30	383
Choux.............	90 1	» 37	311
Betteraves à sucre...	82 0	» 45	256
Rutabagas..........	91 0	» 17	676
Paille d'avoine.......	21 0	» 30	383

Il ressort des chiffres de ce tableau qu'un poids de 100 kilos de foin équivaut dans l'alimentation à 287 kilos de pommes de terre, ou à 256 kilos de betteraves, ou à 676 kilos de navets, ou seulement à 23 kilos de fèves. Mais comme ces chiffres sont basés sur l'azote contenu dans les plantes, ils sont exacts seulement en ce qui regarde la production de la viande et non pas celle de la graisse. Des expériences plus récentes du même savant et d'autres chimistes ont déterminé la valeur des aliments sous le rapport de la production de la graisse, ou des principes nécessaires à l'entretien de la respiration et de la chaleur animale. Ainsi 100 kilos de maïs ont fourni 8 kilos de matière grasse ou d'huile ; l'avoine en contient 5 p. 100 ; tandis que la fève et le pois, qui sont les aliments les plus riches en azote et par conséquent les plus nutritifs de tous ceux indiqués au tableau, ne contiennent que 1 et demi p. 100 de leur poids en matière grasse. On peut en conclure que le maïs et l'avoine sont plus profitables et plus économiques, employés à l'engraissement, que les grains de la fève ou des pois.

Les tourteaux de lin et de colza ou de navette, qui renferment environ 5 p. 100 de leur poids en azote, et 10 p. 100 de matière grasse, réunissent les deux éléments qui conviennent particulièrement à l'accroissement des animaux. La graine de lin est très-riche en matière grasse ; elle en possède 35 p. 100. Elle produit les meilleurs effets dans l'engraissement quand on la fait bouillir étant moulue, et qu'on répand son mucilage sur les fourrages ou sur des pailles hachées.

Les chevaux de ferme doivent en tout temps être bien nourris, bien pansés et bien occupés ; il leur faut des étables tenues proprement et suffisamment ventilées. La nourriture d'hiver peut se composer de carottes, de foin et d'avoine avec une quantité de féveroles proportionnée à leur travail. En été, les fourrages verts avec un peu de grains suffisent pour les entretenir en bon état.

CHAPITRE XXI

Conseils pour la petite culture

SOMMAIRE. — De la culture à bras. — Assolement. — Travaux de l'année. — Rapport du fumier à la nourriture. — Engrais qu'on peut obtenir. — Dépense et recette d'une petite culture.

177. Si l'on vante l'importance des instruments agricoles perfectionnés pour l'exploitation des fermes d'une grande et même d'une moyenne étendue, il ne faut pas en conclure que la petite culture soit impossible. Un ouvrier laborieux, qui loue quelques champs de bonne qualité à un prix raisonnable, peut, avec sa bêche et sa fourche, obtenir des produits aussi abondants, en proportion de l'étendue de sa culture, qu'un gros fermier qui exploite un domaine de 200 hectares. Il peut trouver le moyen d'entretenir sa famille et de se procurer par son travail une certaine mesure de bien-être et d'indépendance (1).

Mais le petit cultivateur qui veut réussir doit nécessairement renoncer aux moyens de l'ancienne routine. Cultiver plusieurs céréales de suite sur le même champ, c'est évidemment épuiser la terre; avoir une ou deux vaches et ne pas bien les nourrir, c'est le moyen immanquable de n'obtenir qu'une faible quantité de fumier, qui sera d'une valeur

(1) La culture à bras est encore en usage dans quelques parties de l'Angleterre, et surtout en Irlande. Dans les départements du midi de la France, il existe un système de culture analogue; c'est le petit métayage. Les ouvriers ruraux y éprouvent beaucoup de peines, et pourtant ils ne se plaignent que rarement de leur sort.

très-inférieure. Celui qui veut prospérer doit adopter d'autres méthodes ; avec deux vaches, un âne et quelques porcs, le petit cultivateur peut obtenir une quantité d'engrais suffisante pour la culture de deux ou trois hectares.

178. Les vaches et les porcs doivent être nourris à l'intérieur aussi bien en été qu'en hiver ; c'est un point essentiel. Si l'on adopte l'assolement de quatre ans sur une surface de terre de 3 hectares 36 ares, on peut mettre en céréales moitié des champs, soit 1 hectare 68 ares. L'autre moitié sera consacrée à la culture des racines ou des fourrages. Ainsi on aura 84 ares en froment, autant en céréales d'été, autant en racines et autant en fourrages artificiels, ray-grass d'Italie ou trèfle, ou ces deux plantes en mélange. Il est en outre possible d'obtenir une récolte dérobée de vesce, de navette ou de rutabagas. Cet assolement étant fixé, voyons dans quel ordre seront exécutés les travaux de cette petite ferme.

179. Supposons que l'année agricole commence au mois d'octobre ; le travail de ce mois sera de retourner à la pelle, ou mieux à la bêche-fourche en fer, les 84 ares de trèfle et de ray-grass pour les emblaver en froment qu'on plante ou qu'on sème en lignes. Les mois de novembre et de décembre seront employés à la récolte des racines et à fumer et bêcher les 84 ares qui ont produit le dernier froment, pour y placer les plantes sarclées. On peut mettre le quart ou 21 ares en pommes de terre. En janvier et en février, on fera le battage des grains, on préparera les instruments, on soignera le bétail et le fumier, etc. En mars et en avril, les 84 ares ayant produit des racines seront bêchés et semés en orge ou en avoine, et on sèmera en même temps

moitié en ray-grass d'Italie et moitié en trèfle. A la fin d'avril et en mai, une façon nouvelle sera donnée aux 84 ares précédemment en blé et déjà bêchés en automne, pour être mis en racines semées en lignes à 66 centimètres d'écartement comme suit : 21 ares en carottes blanches, 21 ares en betteraves jaune-globe et autant en rutabagas. L'autre quart a été planté en pommes de terre dès l'automne.

On peut tracer les lignes destinées aux plantes-racines au moyen d'un rayonneur et on y dépose les semences. Si l'on répand sur chacun des trois champs de 21 ares une certaine quantité de cendres ou de compost, par exemple 25 kilos de guano, 25 kilos de poudre d'os et 100 kilos de cendres, on favorisera énergiquement la végétation des jeunes plantes. On fait économiquement la semaille des rutabagas en se servant d'une bouteille dont le bouchon est percé par un tuyau de plume ; les semences de betteraves et de carottes se répandent à la main, et on les recouvre avec un peu de terre bien meuble.

En juin et juillet, une partie du trèfle et du ray-grass aura été fauchée pour nourrir en vert ; l'autre partie sera fanée pour fourrage sec. Les sarclages et les binages des récoltes sarclées se feront en ces mois. Après chaque coupe de fourrage, il faudra donner à ces récoltes un poudrage de cendres, d'autres composts ou un arrosement d'engrais liquide. En août et en septembre, on achèvera la moisson des céréales et une partie des chaumes de celles-ci sera retournée pour recevoir des vesces, de la navette ou des turneps en récolte dérobée.

180. Le succès d'un petit cultivateur dépend absolument de la quantité et de la qualité du fumier qu'il emploie. Les champs en céréales produiront en moyenne 6,000 kilos de paille dont moitié ser-

vira pour la litière des animaux et l'autre moitié sera consommée avec le fourrage qu'on aura rentré sur les 84 ares de prairie artificielle. Les trois champs de racines, s'ils ont été bien fumés et bien cultivés, devront produire 30,000 kilos de nourriture pour l'hiver, ce qui ferait 75 kilos par jour pour chacune des deux vaches pendant deux cents jours. La récolte dérobée devra compenser au delà la quantité des racines consommées par deux ou trois porcs à l'engrais.

181. Il a été reconnu que si la totalité des engrais liquides et solides était recueillie avec soin et préservée du soleil, de la pluie et de la fermentation, elle s'élèverait aux trois quarts de la nourriture consommée. Ainsi les 30,000 kilos de racines, les 20,000 kilos de fourrages et les 6,000 kilos de paille, sans parler des pommes de terre, en tout 56,000 kil., devront fournir 40,000 kilos de fumier ou 10,000 kil. pour chaque parcelle de 21 ares cultivée en récoltes sarclées. Cette quantité d'engrais ne sera pas suffisante pour maintenir la terre dans un état de fertilité constante. Aussi les produits qu'on exportera, soit en grains, soit en beurre, devront-ils être remplacés par des engrais étrangers, soit 100 kilos de guano et 100 kilos de poudre d'os.

182. Le produit de cette petite exploitation peut s'estimer comme il suit : les grains obtenus sur 1 hectare 68 ares, sans tenir compte des pailles, pourront valoir 500 fr. Les deux vaches bien entretenues par les 84 ares de trèfle et de ray-grass, et par les 63 ares de racines, plus par la récolte dérobée de vesce ou d'autres plantes, devront produire en beurre une valeur de 300 fr. La batture de beurre et les débris de pommes de terre profiteront à l'engrais-

sement des porcs pour une valeur d'au moins 125 fr. Sur ce revenu total de 925 fr., il faut déduire 300 fr. pour la rente et les taxes des 3 hectares 36 ares; plus 50 fr. pour le guano et les os achetés; il reste un produit net de 575 fr., avec la récolte des pommes de terre, des laitages et les ressources diverses qu'on trouve à la campagne, pour rémunération du travail du cultivateur et de sa famille. Et cette somme est plus élevée que celle qu'obtient un journalier qui travaille dans un établissement où il n'y a pas de chômage dans l'année. Pour réaliser tout cela, il faut sans doute un travail incessant et pénible; mais le cultivateur est soutenu par l'espoir d'un meilleur avenir et sa position est moins précaire que celle de ces milliers d'ouvriers qui possèdent un petit capital, mais qui manquent d'ouvrage dans leur pays et qui s'expatrient pour aller gagner leur vie dans les climats étrangers.

Dans cette estimation il n'a rien été dit du lin qui peut probablement, si le cultivateur a une famille en état de l'aider, produire un meilleur revenu que les céréales. Dans ce cas, une part de la terre cultivée en grains pourrait l'être en lin.

FIN.

TABLE ANALYTIQUE

DES

MATIÈRES.

A

D

M

N

O

P

R

S

TABLE DES MATIÈRES.

CATALOGUE GÉNÉRAL

DE LA

LIBRAIRIE CENTRALE D'AGRICULTURE

ET DE

JARDINAGE.

Auguste GOIN, Éditeur, quai des Augustins, 41, Paris.

DIVISION DU CATALOGUE.

---

10 OCTOBRE 1860.

NOTA. — Tous les ouvrages composant le présent Catalogue sont expédiés *franco* sans augmentation des prix marqués, sur demande affranchie. — En outre de l'envoi *franco*, il sera fait 5 p. 100 de remise sur les commandes de 31 à 50 fr., et 10 p. 100 sur celles de 51 fr. et au-delà. — Je me charge de fournir aux mêmes conditions les ouvrages de **Droit**, de **Littérature ancienne et moderne**, de **Médecine**, de **Sciences diverses**, etc. — Les demandeurs sont priés de joindre à leur commande un bon de poste ou des cachets à 20 c. pour la valeur des ouvrages demandés. — Il est fait une remise de 10 p. 100 sur les ouvrages pris au bureau. — Je viens de publier un *Catalogue d'ouvrages anciens et modernes, neufs ou d'occasion, d'Agriculture et de Jardinage,* qui sera envoyé *franco* sur *demande affranchie.*

Bibliothèque de l'Agriculteur praticien.

Abeilles (*De l'éducation des*), ou *Apiculture*, par P. JOIGNEAUX. 1 vol. in-18. 1 25

Abeilles. Leur éducation, par A. ESPANET. In-18. 40 c.

Abeilles (*Guide de l'éleveur d'*), par DE FRARIÈRE. In-18, fig. 75 c.

Agriculteur praticien (*L'*), *Revue de l'agriculture française et étrangère*, 8e année. Prix de l'abonnement. 6 fr.

Les années 1 à 7, ensemble. 35 fr.

Chaque année séparément. 6 fr.

Agriculture. — *Le Cultivateur anglais.* Théorie et pratiq. de l'agriculture, par Edmond MURPHY, traduit de l'anglais sur la 5e édition, par J. SANREY. 1 vol. in-18. Fig. 1 50

Agriculture. Quelques observations pratiques, par BODIN. In-18. 15 c.

Alcoolisation générale (*Traité complet d'*). Guide du fabricant d'alcools, etc., etc., par N. BASSET. 1 vol. in-18, 2e édit. 6 »

Almanach de l'Agriculteur praticien pour 1861. 1 vol. 5e année. In-18 avec de nombreuses fig. 50 c.

Les années 1857, 1858, 1859 et 1860, chaque. 50 c.

Amendements et Engrais (*Petit Traité des*), par P.-A. DE THIER. 1 vol. in-18, complété avec des notes extraites de l'*Agriculteur praticien*. (*Sous presse.*)

Amendements et Prairies. Extrait des œuvres de J. BUJAULT. In-18. 60 c.

Bétail (*De l'alimentation du*) aux points de vue de la production, du travail, de la viande, de la graisse, de la laine, du lait et des engrais, par Isidore PIERRE, 2e édition. 1 vol. in-18. 2 50

Bétail en ferme (*Du*), extrait des œuvres de J. BUJAULT. In-18. 60 c.

Betterave (*Traité pratique de la culture et de l'alcoolisation de la*), par N. BASSET. 1 vol. in-18, 2e éd. 2 fr.

Céréales (*Etudes comparées sur la culture des*), des plantes fourragères et des plantes industrielles, par Isidore PIERRE. 1 vol. in-18. 2 50

Chaux, Marne et Calcaires coquilliers. Leur emploi pour l'amendement du sol, par Isidore PIERRE. In-18. 2e édition. 50 c.

Culture (*De la petite*), en faveur des petits propriétaires, ou moyens faciles d'augmenter le rendement des terres de labour et de jardin, par A. ESPANET. 1 vol. in-18. 1 fr.

Dindons et Pintades (*Guide de l'éleveur de*), par MARIOT-DIDIEUX. 1 vol. in-18. 75 c.

Drainage. L'Art de tracer et d'établir les drains, par GRANDVOINNET. 1 vol. in-18 avec 160 figures. 3 fr.

Drainage. Résumé d'un cours pour les cultivateurs, par HERNOUX, ingénieur. In-18, fig. 1 fr.

Engrais en général (*Des*), suivi de la manière de traiter les matières fécales, par GREFF. 2e éd. in-18. Fig. 50 c.

Fourrages (*Recherches sur la valeur nutritive des*), par Isidore PIERRE. 1 vol. in-18, 2e édit. 2 fr.

Fumier (*Plâtrage et sulfatage du*) et désinfection des vidanges, par Isidore PIERRE. In-18. 2e édit. 50 c.

Fumier de ferme (*Le*) élevé à sa plus haute puissance de fertilisation et n'étant plus insalubre, par QUENARD. In-18, 2e édit. 1 25

Guano du Pérou (*Le*), composition, falsification, emploi et effets de cet engrais. 30 c.

Irrigation (*Manuel d'*), par DEBY. In-18 avec 100 fig. 1 50

Irrigations (*Petit Traité des*), par James DONALD, traduit par A. DE FRARIÈRE. In-18 avec fig. 50 c.

Laiterie (*La*), suivie de la fabrication des fromages, par A. DE THIER. 1 vol. in-18 avec figures. 75 c.

Lapin domestique (*Traité pratique de l'éducation du*), par le F. Alexis Espanet, 3e édit. 1 vol. in-18. 1 fr.
Maïs (*Du*), de sa culture et des divers emplois dont il est susceptible, par Keene et A. de Thier. In-18. (2e *édition sous presse*.)
Maïs (*Alcoolisation des tiges du*) et du **Sorgho sucré**. Alcool. — Cidre. — Bière. — Vins artificiels, par Duret, chimiste. In-18. 75 c.
Mécanique agricole (*Traité complet de*), par J. Grandvoinnet.
1re Partie. — Mécanique générale, 1re liv., in-18, 115 fig. 1 75
2e Partie. — Machines agric., 1re et 2e liv., in-18, 121 fig. 3 50
— ——— atlas, 21 pl. 1 75
(Ces quatre livraisons ne se vendent pas séparément.)
Moutons (*Guide de l'éleveur et de l'engraisseur de*), par J.-J. Legendre, propriétaire-cultivateur. 1 vol. in-18. 1 fr.
Pigeons de colombier et de volière (*Guide de l'éleveur de*), par Mariot-Didieux. In-18. 75 c.
Pigeons (*De l'éducation des*), **Oiseaux** de luxe, de volière et de cage, par A. Espanet. 1 vol. in-18. 1 fr.
Pisciculteur (*Guide du*), par J. Remy et le Dr Haxo. In-18, grav. 1 50
Porcs (*Du traitement des*) aux différentes époques de l'année. Extrait des meilleurs ouvrages anglais, par J. A. G. In-18 avec 32 fig. 1 25
Porcheries (*De l'établissement des*), dispositions diverses, construction, par J. Grandvoinnet. 1 vol. in-18 avec 95 fig. dans le texte. 2 50
Poules (*De l'éducation des*), **Dindes**, **Oies** et **Canards**, par le F. Alexis Espanet. 1 vol. in-18. 1 fr.
Races bovines (*De l'amélioration des*) en France, et particulièrement dans les départements de l'Est, par Saint-Ferjeux. 2e édit. 1 fr.
Récoltes dérobées (*Des*), comme fourrages et engrais verts en général, et de la culture de la *Moutarde blanche* en particulier, trad. de l'anglais et annoté par J. A. G. 1 vol. in-18 avec fig. 75 c.
Semailles en ligne (*Des*) et des **Semoirs mécaniques**, par F. Georges. In-8. (Extrait de l'*Agriculteur praticien*.) 50 c.
Sorgho à sucre (*Guide du distillateur du*), par F. Bourdais. In-18. 1 fr.
Stabulation (*De la*) **de l'espèce bovine**, p. le bar. Peers. 1 v. in-18. 1 25
Topinambour (*Du*). Culture, alcoolisation, panification de ce tubercule, par Delbetz, cultivateur. 1 vol. in-18. 1 25
Végétaux (*De la nutrition des*) considérée dans ses rapports avec les assolements, par le baron de Babo. 1 vol. in-18. 1 fr.
Vers à soie (*Guide de l'éleveur de*), par MM. Guérin-Méneville et Eugène Robert. 1 vol. in-18 avec figures. 75 c.
Visite à un véritable agriculteur praticien, par Durand-Savoyat, propriétaire-cultivateur. 1 vol. in-18. 1 25

Abeilles. — Agriculture. — Amendements. — Bois. — Economie rurale. — Fumiers. — Oiseaux de basse-cour, etc.

Abeilles (*De l'Anesthésie ou Asphyxie momentanée des*), ses inventeurs et ses prôneurs, par Hamet. In-18. 40 c.
Abeilles (*Considérations sur la culture des*), par l'abbé Floquet. 1 vol. in-18. 1 fr.
Abeilles. — *Le Guide du propriétaire d'abeilles*, par S.-A. Collin, 2e édition. 1 vol. in-12. 2 fr.
Abeilles (*Culture des*) dans une nouvelle ruche à étages, par Duvernay aîné. In-8o, 1 pl. 3 50

Abeille (*L'*) **italienne des Alpes**, ou la fortune des campagnes. Exposé court et pratique sur l'art d'élever les reines italiennes de pure race et fécondes, de les centupler en peu de mois, et de transformer en ruches italiennes les ruches communes, par HERMANN. In-18 de 40 pages. 1 fr.

Abeilles (*Manuel de l'éducateur d'*), par DE FRARIÈRE. In-18. 3 50

Abeilles (*Méthode certaine et simplifiée pour soigner les*), par FÉBURIER. 1 vol. petit in-18, fig. 1 25

Abeilles (*Nouvelles Observations sur les*), par F. HUBER, 1814. 2 vol. in-8, fig. 10 fr.

Abeilles (*Le Conservateur, ou la Culture perfectionnée des*), d'après les méthodes les plus récentes et avec application de celle de Nutt. In-8 avec 3 pl., 1843. 1 50

Abeilles (*Traité complet, théorique et pratique sur les*), par FÉBURIER. Ouvrage approuvé par l'Institut, le 22 janvier 1810. 1 vol. in-8. 5 50

Acétrophie ou *Gattine des vers à soie*. Nouveaux et importants détails sur cette maladie, etc., par J. CHARREL. In-8. 2 fr.

Agriculteur (*L'*) *praticien*, par V.-P. REY. In-12. 2 fr.

Agriculture (*Cours d'*), par DE GASPARIN. 5 vol. in-8. 37 50

Agriculture (*Cours d'*), **de Viticulture et de Jardinage**, par Mathieu RISLER père. 1 vol. in-18. 2 fr.

Agriculture (*Eléments d'*) **et d'Economie rurale**, ou petit Questionnaire à l'usage des écoles communales, par C. MALLAT. 1 vol. in-12. 60 c.

Agriculture (*Manuel d'*), par demandes et par réponses, à l'usage des écoles primaires et des propriétaires ruraux, par BRUNO. In-18. 40 c.

Agriculture populaire, par Jacques BUJAULT, précédée d'une introduction par Jules RIEFFEL. 1 beau vol. in-8 orné de 38 pl. 6 fr.

Ampélographie rhénane, ou Description des cépages les plus cultivés dans la vallée du Rhin et dans plusieurs contrées viticoles de l'Allemagne méridionale, par J.-L. STOLTZ. 1 vol. in-4 orné de 32 pl., fig. noires, 15 fr.; — figures coloriées. 25 fr.

Ampélographie universelle, ou *Traité des cépages* les plus estimés dans tous les vignobles de quelque renom, par ODART, 4e édit. 1 vol. in-8o. 7 50

Animaux d'appartement (*Les*) **et de jardin**. Oiseaux, poissons, chiens, chats, par FLORENT-PRÉVOST. 1 vol. petit in-18 orné de 46 dessins dans le texte. 1 fr.

Animaux (*Recherches expérimentales sur l'alimentation et la respiration des*), par J. ALLIBERT. In-8. 1 50

Animaux domestiques, par LEFOUR. 2 vol. in-18, fig. 2 50

Apiculture (*Cours pratique d'*), professé au jardin du Luxembourg par HAMET. 1 vol. in-18 orné de 85 fig. 3 fr.

Apiculture (*L'*) **perfectionnée**, ou *Théorie et application pratique de la direction des rayons*, par J. GRESLOT. 1 vol. in-18 avec 30 fig. 1 50

Apiculture pratique (*Traité d'*) mis à la portée de tous les apiculteurs et augmenté de nouvelles méthodes et observations, par J. BAUDET. 1 vol. in-18 orné de 12 planches lithographiées représent. 31 sujets. 3 50

Apiculture simplifiée, ou *Nouvelles Instructions sur l'éducation des abeilles*, par A.-N. DESVAUX. 1 vol. in-18. 1 25

Apiculture (*Petit Traité d'*), ou *Art de soigner les abeilles*, par HAMET. 1 vol. petit in-18, 50 fig. 60 c.

Arbres (*Physique des*), ou Traité de leur anatomie et de l'économie végétale, par DUHAMEL DU MONCEAU. 2 vol in-4, fig. (*D'occasion.*) 20 fr.

Arbres et Arbustes (*Traité des*) qui se cultivent en France en pleine terre, par DUHAMEL DU MONCEAU. 2 vol. in-4, fig. (*D'occasion.*) 25 fr.

Arbres et leur culture (*Semis et plantations des*), par DUHAMEL DU MONCEAU. 1 vol. in-4, fig. (*D'occasion.*) 8 fr.

Basse-Cour (*Manuel de la fille de*), contenant des instructions pour élever, nourrir, engraisser tous les animaux de la basse-cour, etc., par MALÉZIEUX. 1 vol. in-18, orné de 38 planches. 3 fr.

Bétail gras (*Le*) **et les Concours d'animaux de Boucherie**, par Eug. GAYOT. 1 vol. in 8. 3 50

Bêtes à cornes (*Guide de l'Eleveur de*), par VILLEROY. 4e édit. 1 vol. in-18. 1 25

Bois. — Cours élémentaire de culture des bois, par LORENTZ et PARADE, 4e édition. 1 vol. in-8o. 8 fr.

Bois (*De l'Exploitation des*), par DUHAMEL DU MONCEAU. 2 vol. in-4, fig. (*D'occasion.*) 25 fr.

Bois (*Du transport, de la conservation et de la force des*), par DUHAMEL DU MONCEAU. 1 vol. in-4, fig. (*D'occasion.*) 8 fr.

Bois (*Traité général de statistique, culture et exploitation des*), par J.-B. THOMAS, 1840. 2 vol. in-8, fig. 10 fr.

Bois (*Des qualités et de l'usage du*) sous le rapport économique et industriel. In-18. 25 c.

Bois (*De la culture et de l'aménagement des*). In-18. 25 c.

Bois et écobuage (*Conservation des*), par GUEYMARD. In-18. 25 c.

Bois (*Traité du cubage des*), ou Tarifs pour cuber les bois carrés ou de charp., les bois en grume au 5e et au 6e réduit, par GUSSOT. In-8, 4e éd. 1 25

Bois en grume (*Tarif métrique pour la réduction des*) en bois équarris, mesurés de 3 en 3 centim., etc., par FOUCHARD. In-18. 2 50

Bon conseiller (*Le*) **des Cultivateurs**, ou *Instruction pratique* sur les quatre principaux points de l'agriculture, par RIVIÈRE. In-18. 1 fr.

Botanique agricole et médicale, ou *Etude des plantes* qui intéressent les vétérinaires et les agriculteurs, par RODET. in-8, fig. 12 fr.

Boulangerie économique (*Notice sur la*), mouture, pétrissage, cuisson instantanée, système Alexis Lurine, par BRASSEUR. In-8. 50 c.

Calendrier du bon Cultivateur, par MATHIEU DE DOMBASLE, 10e édit. 1 vol. in-12 avec planches. 4 75

Cailles, Faisans et Perdrix. (*Voir* page 2.)

Canards. (Voir *l'Education des poules*, de F. Alexis ESPANET, page 4.)

Catéchisme agricole à l'usage des écoles rurales, par Michel GREFF, 6e édit. 1 vol. in-18. 60 c.

Champs et les Prés (*Les*), par P. JOIGNEAUX. In-18. 1 fr.

Chasse (*La*) **et la Pêche** en Angleterre et sur le Continent. Trad. de divers ouvrages anglais, 1842. 1 vol. in-8o, orné de 52 jolies gravures dans le texte. 12 fr.

Chasseur (*Le vieux*), ou Traité de la chasse au fusil, orné de 55 grav. représentant toutes les positions du vrai chasseur tirant le gibier, par DEYEUX. 1 vol. petit in-18. 2 50

Chasseur-médecin (*Le*), ou *Traité complet sur les maladies du chien*, par Francis CLATER. Traduit de l'anglais sur la 25e édit., 1834. 1 vol. petit in-18 de 144 pages. 5 fr.

Chasseurs (*Conseils aux*). (*Voir* page 2.)

Cheval (*L'Age du*). (*Voir* page 2.)

Cheval (*Choix du*). Appréciation des caractères à l'aide desquels on reconnaîtra l'aptitude des chevaux aux divers services, par MAGNE, professeur à l'Ecole d'Alfort. 1 vol. in-12 et 5 planches. 1 25

Chevaux (*Conseils aux Acheteurs de*). (*Voir* page 2.)

Chien de chasse (*Le*). (*Voir* page 2.)

Chimie agricole (*Analyse des cours de*), professés en 1857, 1858, 1859 et 1860, par MALAGUTI. 4 vol. in-18. 4 fr.

Chimie agricole (*Leçons de*) professées en 1847, par MALAGUTI. 1 vol. in-18. 3 50

Chimie agricole (*Petit Cours de*), à l'usage des écoles primaires, par F. MALAGUTI. 1 vol. in-18, fig. 1 25

Chimie agricole (*Précis élémentaire de*), par le docteur SACC. 2e édit., 1 vol. in-18. 3 50

Chimie (*La*) **du cultivateur,** par P. JOIGNEAUX. 1 vol. in-18. 1 fr.

Comptabilité agricole. — Livre de caisse faisant suite au Mémorial de l'agriculteur, par SAINTOIN-LEROY. In-4° oblong. 2 50

Comptabilité agricole (*Petit traité de*) en partie simple, par E. DE GRANGES. 2e édit. 1 vol. in-8°. 3 fr.

Conseils aux agriculteurs sur les moyens de prévenir l'enflure des vaches, par PAPIN. In-18. 40 c.

Conseils aux cultivateurs bretons sur l'*hygiène des animaux domestiques*, ou *Connaissance* des moyens de les entretenir et conserver en santé, par PAPIN. 1 vol. in-12. 1 75

Coq de bruyère (*La Chasse au*). Histoire naturelle, mœurs, lieux habités par ces oiseaux. L'art de les chercher, de les tirer, de les élever en volière, par Léon DE THIER. 1 vol. in-18. 2 50

Cubage des bois en grume et équarris (*Tarif de poche* ou *Traité portatif du*), s'appliquant aux divers systèmes en usage; *vade-mecum* des agents forestiers, etc., par HURTAULT-BANCE. In-18. 80 c.

Cubage des bois équarris (*Tarif métrique pour le*), etc., par FOUCHARD père. 1 vol. in-18. 4 fr.

Cuisinière (*La*) **de la ville et de la campagne,** ou Nouvelle Cuisine économique, par L. E. A. 37e édit. 1 vol. in-12 avec 300 fig. 3 fr.

Cultivateur (*Manuel aide-mémoire du*), par LEFOUR. 1re division. Connaissances usuelles d'application agricole. 1 vol. in-18. 3 50

Culture améliorante (*Principes de la*), par Edouard LECOUTEUX. 2e édit. 1 vol. in-18. 3 50

Culture (*La*) **et la Vie des champs,** par J. BODIN. In-18. 1 fr.

Dindes. (Voir l'*Education des Poules*, de F. Alexis ESPANET, page 4.)

Drainage (*Du*), par Félix RÉAL. In-18. 25 c.

Economie rurale, considérée dans ses rapports avec la chimie, la physique et la météorologie, par J.-N. BOUSSINGAULT. 2 v. in-8, 2e éd. 15 fr.

Ecurie (*Economie de l'*). (*Voir* page 2.)

Eléments d'agriculture, par J. BODIN. 1 vol. in-18, 3e édit., revue, augm. et ornée de planches. 1 75

Engrais azotés (*Des*), par DE GASPARIN, extrait par GUEYMARD, avec un tableau comparatif de la puissance de 119 engrais. In-18. 25 c.

Engrais composés (*Etude sur les*) et sur leur utilité en agriculture, par A. DE LAVALETTE. In-18. 25 c.

Engraissement (*Observations et conseils pratiques sur l'*) des veaux, des vaches et des bœufs, par FAVRE D'EVIRE. 1824, in-8. 75 c.

Escargots (*Des*) au point de vue de l'alimentation, de la viticulture et de l'horticulture, par EBRARD. In-8. 75 c.

Faisans, Cailles et Perdrix. (*Voir* page 2.)

Fécondation (*De la*) et de l'Eclosion artificielles des œufs de poisson et de l'éducation du frai, suivant le procédé de MM. GEHIN et REMY, par GODENIER. In-8. 1 fr.

Fécondation et Eclosion artificielles des œufs de poisson et éducation du frai. In-8. 25 c.

Fermière (*Conseils à la jeune*), par P. JOIGNEAUX. In-18, 58 fig. 2 fr.

Forêts. — Cours d'aménagement des forêts, par H. NANQUETTE. 1 vol. in-8°. 6 fr.

Forêts (*Traité pratique de l'estimation des*) et de l'exploitation des bois de charpente, par F. et T. CHALLETON. 1 vol. in-8, autographié. 3 fr.

Fours économiques à circulation d'air chaud, par A. CASTERMANN. 1 vol. grand in-8 avec 5 pl., 2e édit. Bruxelles. 2 50

Fosse (*La*) **à fumier**, par BOUSSINGAULT. In-8. 1 25

Fumier de ferme et d'écurie (*Sur un nouveau mode de fabrication du*), ou la litière-fumier, par Ch. BRAME. 2 broch. in-8° av. pl. 50 c.

Gallinacés (*Notice sur un mode d'éducation pour régénérer les*), suivie des recherches sur la *Méthode d'engraissement des Poulardes*, par LETRONE. In-8. 1 25

Géologie appliquée aux arts et à l'agriculture, par D'ORBIGNY et GENTE. 1 vol. in-8. 8 fr.

Grains (*Traité de la conservation des*), et en particulier du froment, par DUHAMEL DU MONCEAU. 1 vol. in-12 rel. avec pl. (*Ancien et rare.*) 2 50

Grains (*Traité sur la vente des*) à la mesure, au poids de l'hectolitre ou au quintal métrique, etc.; par HUBAINE. In-4. 2 50

Guide du Sportsman, ou Traité de l'entraînement et des courses de chevaux, par Eug. GAYOT. 1 vol. in-8. 2e édit. 3 50

Herbier agricole, ou Liste des plantes les plus communes, par J. BODIN. 1 vol. petit in-18 orné de 110 figures. 1 50

Il faut semer clair, ou Moyen de remédier à la disette des céréales, trad. de l'anglais de DAVIS, par DE THIER. In-18. 30 c.

Indispensable du Cultivateur (*L'*), contenant : barême des mesures de capacité usitées en France pour les grains, comparées entre elles pour les poids et les prix, et aux 100 kilos, etc., par BATHIAS, petit in-18. 2 fr.

Instructions agricoles, par P. JOIGNEAUX. In-18. 1 fr.

Jardin du Cultivateur, par NAUDIN. 1 vol. in-18. 1 25

Landes de Bretagne (*Mise en valeur des*) par le défrichement et par l'ensemencement en bois, par le général DE LOURMEL. In-8. 2 fr.

Maison rustique des dames, par Mme MILLET-ROBINET. 2 vol. in-12, avec 250 gravures. 4e édition. 7 75

Maison rustique du XIXe siècle, publiée sous la direction de MM. BAILLY, BIXIO et MALEPEYRE. 5 vol. gr. in-8 ornés de 2,500 gr. 39 50

Mémorial de l'agriculteur, remplaçant tous les livres auxiliaires nécessaires à la tenue d'une comptabilité agricole, contenant, en forme de tableaux, les cadres à recevoir les notes et renseignements indispensables à tous les fermiers ou propriétaires faisant valoir, soit directement, soit par régisseur, par SAINTOIN-LEROY. 1 vol. in-4° oblong. 4 fr.

Manuel d'horticulture et d'agriculture pour le département de la Gironde, par J.-C. RAMEY. 1 vol. in-12. 1 75

Marcs de raisins et de pommes (*Avantages qu'il y aurait d'utiliser les*) pour obtenir des boissons alimentair., par A. CHEVALLIER fils. In-8. 50 c.

Matières fertilisantes, *engrais solides, liquides, naturels et artificiels*, par Gustave HEUZÉ. 1 vol. in-8. 9 fr.

Meunerie (*Traité pratique de la*), par E.-J. HANON. 1 vol. in-8 de 88 pages. 10 fr.

Meunier (*Le bon*), ou l'*Art de bien moudre*, par J.-P. MOREAU. Brochure in-8, 2e édit. 1 75

Mouches à miel (*Traité sur les*), suivi des procédés pour faire le miel et la cire, avec divers modèles de ruche, par BONNARDEL. In-8. 1 50

Moutons. — *Grand assortiment d'ouvrages anciens.*

Mûrier. — *Grand assortiment d'ouvrages anciens.*

Mûriers (*Instruction sur la culture des*). In-18. 25 c.

Oies. (Voir *l'Education des poules* de F. Alexis ESPANET, page 4.)

Oiseaux de basse-cour (*Manuel de l'éleveur d'*) et de **Lapins**, par Mme Millet-Robinet, 2e édit. 1 vol. in-12 avec gravures. 1 25

Osier (*Traité pratique de la culture de l'*) et de son usage dans l'industrie de la vannerie fine et commune, suivi d'un aperçu sur l'art du vannier, par A. Moitrier. 1 vol. in-8 avec 4 pl. 2 fr.

Pêche. *Voyez* **La chasse et la pêche**, *page 7*.

Phosphates (*Recherches sur l'emploi agricole des*), par P. Dehérain. 1 vol. in-8o. 2 fr.

Pisciculture. Rapport sur le repeuplement des cours d'eau et sur les travaux de pisciculture de M. Millet, suivi des *Etudes sur les fécondations artificielles des œufs de poisson*, par MM. de Quatrefages et Millet. In-8. 1 25

Pisciculture (*Eléments de*), ou *Résumé* des expériences faites au château de Maintenon, par Isidore Lamy. 1 vol. in-18 avec fig. 1 25

Plantes fourragères, par Gustave Heuzé, professeur d'agriculture à Grignon. 1 vol. in-8 orné de 18 pl. col. et de 38 vign. 9 fr.

Plantes fourragères (*Petit Traité de la culture des*), par P.-A. de Thier. In-18. 75 c.

Plantes industrielles (*Les*), par Gustave Heuzé. 2 vol. in-8 ornés de 21 vignettes et de 10 pl. col. 16 50

Police rurale (*Manuel de*). Ouvrage utile aux fonctionnaires publics et aux propriétaires, par Thiroux, 3e édit. 1 vol. in-18. 2 fr.

Pommes de terre (*Culture et conservation des*). In-18. 25 c.

Pommier à cidre (*Traité pratique de l'éducation et de la culture du*), par Prévost. 1 vol. petit in-18. Fig. 60 c.

Poules (*Des*), ou Réformation de la basse-cour, par Beaufort de Lamarre. In-8. 75 c.

Poules (*Education des*), par Beaufort de Lamarre, suivie du *Chaponnage et de l'Engraissement de la Volaille* dans le Maine et la Bresse. In-18. 25 c.

Porcs (*Education des*) et leurs div. rac., par P. de Mortillet. In-18. 25 c.

Poules (*Instruction sur l'éducation des*), des poulets, des chapons et des poulardes. In-12. 25 c.

Prairies artificielles (*Essai sur les*), luzerne, trèfle ordinaire, trèfle printanier et sainfoin ou esparcette, par H. Machard. 1 vol. in-18. 1 fr.

Production de l'alcool (*De la*) par la distillation du jus de betterave (système Champonnois). In-18. 1 50

Promenades agricoles (*Lectures et*), par J. Bodin. Petit in-18. 60 c.

Propriétaire architecte, contenant des modèles de maisons de ville et de campagne, de remises, écuries, orangeries, serres, etc., par U. Vitry. 2 vol. in-4 avec 100 grav. 20 fr.

Rossignol franc ou chanteur (*Traité du*), contenant la manière de le prendre au filet, de le nourrir facilement en cage et d'en avoir le chant toute l'année. 1 vol. avec fig. (ouvrage ancien). 2 50

Sangsues (*De l'Elève et de la Multiplication des*), visite aux marais des environs de Bordeaux, par Quenard. In-8. 75 c.

Sangsues (*Notice sur le marais à*) de Clairefontaine, par E. Soubeiran. In-8. 75 c.

Sangsues (*Rapport sur l'élève des*), fait à la Société d'encouragement par Chevallier. In-8. 50 c.

Serins de Canarie. Ouvrages divers sur ces oiseaux, de dates et de prix divers.

Société d'Acclimatation (*Bulletin de la*). — *Volumes divers et numéros détachés.*

Sorgho (*Composition chimique et extraction du sucre de la canne de*), par Paul Madinier. In-8. 80 c.

Sorgho (*De l'Introduction et de l'Acclimatation du*) dans le nord de la France, etc., par Dumont-Carment. In-8. 1 25

Sorgho à sucre (*Le*). Culture, récolte, emploi de la graine, extraction du jus sucré, distillation, etc., par Paul Madinier. In-8. 60 c.
(Extrait de l'*Agriculteur praticien.*)

Sorgho sucré (*Le*), sa culture comme plante fourragère et comme plante alcoolisable et saccharine, par Louis Hervé. In-8. 60 c.

Tarif métrique pour la réduction des bois en grume et carrés, etc., par J.-F. Leclerc. In-8. 3 fr.

Taupier (*L'Art du*), ou Méthode amusante et infaillible pour prendre les taupes, par Dralet. 16e édit. 1 vol. in-12, fig. 1 fr.

Urines (*Conservation, désinfection et utilisation des*), par A. Chevallier fils. In-8. 80 c.

Vaches laitières (*Abrégé du traité des*) par F, Guénon. 1 vol. in-18, nombreuses fig. 2 fr.

Vaches laitières (*Traité des*) **et de l'espèce bovine en général**, par F. Guénon. 3e édit. 1 vol. in-8o, nombreuses fig. 6 fr.

Végétaux (*Recherches sur les maladies des*) et particulièrement sur la maladie de la vigne, par Guérin-Méneville. In-8. 25 c.
(Extrait de l'*Agriculteur praticien.*)

Vers à soie. — *Grand assortiment d'ouvrages anciens.*

Vers à soie (*Conseils aux nouveaux éducateurs de*), par F. de Boullenois, 2e édit. 1 vol. in-8o. 3 50

Vers à soie (*Education des*), comprenant l'éclosion des œufs, l'éducation des vers à soie, la formation et la récolte des cocons, la conservation de la graine. 2 brochures in-12. 50 c.

Vers à soie (*Education des*). Tableau synoptique de toutes les opérations, jour par jour, de l'éducation des vers à soie. 2 pag. in-fol. 25 c.

Vers à soie (*Gattine des*), ou Etude des causes du fléau qui a frappé plus ou moins les éducations de 1856, par J. Charrel. In-8. 75 c.

Vigne (*Nouvelle Culture de la*) en plein champ, sans échalas ni attaches, par Trouillet. 2e édit. in-18 avec 15 gravures. 1 50

Vigne (*Régénération de la*) par une nouvelle plantation, par E. Trouillet. In-18. 75 c.

Vigne. — Résumé des opérations à suivre pendant le cours de la végétation de la vigne, d'après les principes de E. Trouillet. — Etude de la rupture des bourgeons à l'état herbacé, par E. Trouillet. Tableau in-folio, fig. et texte. 50 c.

Vigne (*Culture de la*) **et vinification**, par J. Guyot. 1 vol. in-18. Fig. dans le texte. 3 50

Vigne (*Nouveau mode de culture et d'échalassement de la*), applicable à tous les vignobles où l'on cultive les vignes basses, par T. Collignon. 1 vol. in-8 avec 3 pl. 3 fr.

Vigne et Vin. — Traité théorique et pratique sur la culture de la vigne, avec l'art de faire le vin, les eaux-de-vie, esprit de vin, vinaigres simples et composés, par Chaptal, 1801. 2 vol. in-8o, orn. de 21 pl. 14 fr.

Vinification (*Traité pratique de*), ou Guide des propriétaires, vignerons, négociants, etc., par H. Machard. 3e édit. in-18. 3 fr.

Vins (*Art d'améliorer les*) et de les guérir des diverses maladies qui peuvent les affecter. In-12 de 32 pages. 1 25

Vins de la France (*Traité sur les*). Des phénomènes qui se passent dans les vins et des moyens d'en accélérer ou d'en retarder la marche. — Des moyens de vieillir ou de rajeunir les vins, d'en prévenir ou d'en corriger les altérations. — Des produits qui dérivent des vins : eaux-de-vie, esprits, vinaigre, tartre et vinasses, avec planches, par Batilliat. 1 vol. in-8o. 7 50

Viticulture (*Premières Notions de*) et d'œnologie, dédiées à la jeunesse des écoles primaires dans les contrées viticoles, par STOLTZ. In-1[illegible] accompagné de 19 pl. 90 c

Zootechnie, ou Science qui traite du choix des animaux domestiques de leur conservation, de leur rendement et des principales maladies dont ils peuvent être affectés, par Ch. KNOLL aîné, vétérinaire. 2 vol. grand in-8. Grand nombre de gravures. 12 fr

Bibliothèque de l'Horticulteur praticien.

Almanach du Jardinier-Fleuriste pour 1861, suivi de quelques note sur le jardin potager, 7e année. 1 vol. in-18 avec fig. dans le texte. 50 c

Les années 1854, 1857, 1858, 1859 et 1860, chaque 50 c

Arbres fruitiers et de la Vigne (*Nouvelle Méthode de taille des*) par PICOT-AMETTE. 3e édit. 1 vol. in-18 orné de 37 grav. dans le texte. 1 5[illegible]

Arbres fruitiers (*Instructions élémentaires sur la taille des*), pa LACHAUME. 1 vol. in-18 orné de 20 fig. 75 c

Arbres fruitiers (*Les*). Manuel populaire de culture, marcottage, bouturage, greffage et taille, par P. JOIGNEAUX. 1 vol. in-18 orné de 111 grav et du portrait de VAN MONS. 2 2[illegible]

Asperges (*Instructions pratiques sur la plantation des*), par BOSSIN. 2e édition. 1 vol. in-18. 75 c

Camellias (*Traité de la culture des*), par J. DE JONGHE. 2e édit 1 vol. in-18. 1 fr

Champignons comestibles et vénéneux (*Traité élémentaire des*) par DUPUIS. 1 vol. in-18 avec 8 pl. col. 1 7[illegible]

Chrysanthème de l'Inde (*Culture du*), suivie d'une Monographi[illegible] contenant la description de 250 variétés, par BERNIEAU, horticulteur 1 vol. in-18. 1 fr

Fuchsia (*Histoire et Culture du*), suivies de la description de 54[illegible] espèces et variétés, par F. PORCHER. 1 vol. in-18. 3e édit. 2 fr. 2[illegible]

Horticulteur praticien (*L'*), *Revue de l'Horticulture française e étrangère*, publiée avec le concours des amateurs, des horticulteurs e des présidents de Sociétés d'horticulture de France et de l'étranger, sou la direction de M. N. FUNCK, directeur du Jardin royal d'Horticulture d Bruxelles.

L'*Horticulteur praticien* paraît le 1er de chaque mois, par livraiso[illegible] de 24 pages grand in-8, accompagnée de 2 belles lithographies color.

Prix de l'abonnement pour l'année : 9 fr.

Les abonnements à la 4e année ont commencé le 1er janvier 1860.

Les années 1858 et 1859. 18 f[illegible]

Jardin Fleuriste (*Le*), ou *Instructions* simples et précises pour l culture des plantes d'ornement, annuelles ou vivaces, oignons à fleurs, etc par Charles LEMAIRE. 1 vol. in-18 avec figures. 3 5[illegible]

Melons (*Culture des*). Méthode simple et précise pour obtenir l[illegible] melons d'une grosseur extraordinaire, etc., par DUFOUR DE VILLEROS[illegible] 1 vol. in-18 avec 5 grav. pour l'explication des tailles. 75 [illegible]

Pêcher en espalier (*Instructions pratiques sur la culture du*) par LASNIER, horticulteur. In-18. 50 [illegible]

Rosier (*Culture du*), par Hippolyte JAMAIN, horticulteur. 1 vol. in-1[illegible] avec fig. dans le texte. (*Sous presse.*)

Arbres fruitiers. — Botanique. — Culture potagère. — Jardinage.

Arboriculture (*Cours élémentaire et pratique d'*), par A. DUBREUIL. 4e édit. 2 vol. in-18. 12 fr.

Arboriculture (*Manuel pratique d'*), renfermant ce que les meilleurs auteurs et les praticiens ont dit de mieux sur les *défoncements*, la *plantation*, les *formes*, la *taille* et la *mise à fruits des arbres fruitiers*, par l'abbé RAOUL. 2e édition. 1 vol. in-18, pl. et tableaux. 2 25

Arboriculture (*Notions préliminaires d'*) à la portée de tout le monde. Conseils pratiques, par E. TROUILLET. In-12, 20 fig. 50 c.

Arbres fruitiers (*Instruction élémentaire sur la conduite des*), par DUBREUIL. 2e édit. 1 vol. in-18, fig. 2 50

Arbres fruitiers (*Tableau de la conduite et de la taille des*), avec texte explicatif, par l'abbé DURUY. In-plano. 2 fr.

Arbres fruitiers (*Pratique raisonnée de la taille des*) et de la vigne, par COSSONET. 1 vol. in-8, avec 21 planches. 5 fr.

Arbres fruitiers (*Taille raisonnée des*), suivie de la Description des greffes les plus usitées, par J.-A. HARDY. 4e édit. 1 vol. in-8, figures dans le texte. 5 50

Arbres fruitiers. Taille et mise à fruit, par PUVIS. 2e éd. In-18. 1 25

Arbres fruitiers (*Traité des*), contenant leur figure, leur description, leur culture, etc., par DUHAMEL DU MONCEAU, 1768. 2 vol. grand in-4o reliés, ornés de 181 planches gravées. 45 fr.

Asperges (*Traité complet de la culture naturelle et artificielle des*), par LOISEL. 1 vol. in-12. 1 25

Bon Jardinier (*Le*) pour 1860, par POITEAU, VILMORIN, DECAISNE, NEUMANN, PEPIN. 1 vol. in-12. 7 fr.

Bon Jardinier (*Figures de l'Almanach du*), par DECAISNE, 20e éd., 632 grav. et 45 pl. 1 vol. in-12. 7 fr.

Botaniste (*Petit Manuel du*) et de l'Herboriste, accompagné de planch. explicatives et suivi de quelques principes de médecine, de pharmacie et d'économie domestique, par L. F., F. M. et P. M. 2e éd. 1 vol. in-12. 1 75

Botaniste-Cultivateur (*Le*), ou *Description, culture et usage des plantes*, rangées d'après la méthode de Jussieu, par DUMONT DE COURSET. 2e édit., 1811. 7 vol. in-8o reliés. 45 fr.

Boutures (*Notions sur l'art de faire les*), par NEUMANN. 3e édition. 1 vol. avec 31 figures. 2 fr.

Boutures. (*Voir le* Jardin fleuriste, page 12.)

Catalogue descriptif et raisonné des arbres fruitiers et d'ornement des pépinières, de André LEROY. In-8. 1 fr.

Catalogue raisonné et précédé d'instr. sr la plant, la taille des arbres fruitiers, arbustes et rosiers cultivés chez JAMAIN et DURAND. In-4. 1 50

Champignons (*Traité prat. de la culture des*), par SALLE. In-18. 1 fr.

Chimie et Physique horticoles, par DEHERAIN. 1 vol. in-18. 1 25

Conifères (*Traité général des*), ou Description de toutes les espèces et variétés connues aujourd'hui ; leur synonymie, procédés de culture et de multiplication, par A. CARRIÈRE. 1 vol. in-8. 10 fr.

Concombre. — Culture forcée. *Voyez* **Melon**, *page* 14.

Culture maraîchère (*Manuel pratique de la*) de Paris, par MOREAU et DAVERNE. In-8, 2e édit. 5 fr.

Culture maraîchère (*Manuel pratique de*), par COURTOIS-GÉRARD. 3e édition. 1 vol. in-18. 3 50

Culture potagère (*Nouv. Traité de*), par JOIGNEAUX, 1 vol. in-18. 2 25

Culture potagère (*Petit Traité pratique de*) rustique et facile, par J. PRÉVOST. In-18. 40 c.

Fécondation naturelle et artificielle (*De la*) **des végétaux, et de l'hybridation** considérée dans ses rapports avec l'horticulture, l'agriculture et la sylviculture, par Lecoq. 1 vol. in-12. 3 50

Fleurs (*Album de*) annuelles et vivaces, publié par livraisons, par Vilmorin-Andrieux. Prix de la livr. 4 fr.

Neuf livr. sont en vente. Chaque liv. se vend séparément.

Fleurs (*De la Culture des*) dans les appartements, sur les fenêtres et dans les petits jardins, par Courtois-Gérard. 2e édit. In-18. 1 fr.

Fleurs (*Instructions pour les semis de*) de pleine terre, avec l'indication de leurs couleur, époque de floraison, culture, etc., par Vilmorin-Andrieux. 2e édit. In-16. 75 c.

Flore française, ou Description succincte de toutes les plantes qui croissent naturellement en France, par Lamarck et de Candolle, 1815. 6 vol. in-8 reliés. Fig. 70 fr.

Flore élémentaire des jardins et des champs, avec des clefs analytiques conduisant promptement à la détermination des familles et des genres, et un vocabulaire des termes techniques, par Le Maout et Decaisne. 2 vol. petit in-8. 9 fr.

Fruits et Légumes de primeur (*Culture forcée des*). (*Voir* page 2.)

Gladiolus (*Notice sur la culture du*), par Truffaut. In-8o. 20 c.

Greffe (*Traité de la*) des arbres fruitiers et spécialement de la **Greffe des boutons à fruit**, par l'abbé Dupuy. 1 vol. in-18, orné de 24 pl. représentant 151 sujets. 2 50

Greffes diverses. *Voir le* **Jardin fleuriste**, *page* 12.

Horticulture (*Cours élémentaire d'*), théorique et pratique, par J.-B. Verlot. 2 broch. in-18. 1 25

Horticulture (*Entretiens familiers sur l'*), par E.-A. Carrière. 1 vol. in-18. 3 50

Hortus lindenianus. Recueil iconographique des plantes nouvelles introduites par J. Linden. 1re livr. ornée de 6 pl. col. 4 fr.

Jardinier multiplicateur (*Guide pratique du*), ou *Art de propager les végétaux* par semis, boutures, greffes, etc., par Carrière. In-18. 3 50

Jardinier potager. (*Almanachs de* 1854 *et* 1855.) Ces deux almanachs forment un cours complet de culture potagère. 1 fr.

Jardins (*Traité de la composition et de l'ornement des*), avec 161 pl. représentant, en plus de 600 fig., des plans de jardins, des fabriques propres à leur décoration et des machines pour élever les eaux. 6e édit. 2 vol. in-4 oblong. 25 fr.

Jardins (*Traité des*), ou le Nouveau de la Quintinye, contenant la culture : 1o des arbres fruitiers; 2o des plantes potagères; 3o des arbres, arbrisseaux, fleurs et plantes d'ornement; 4o des arbres et arbrisseaux, plantes d'orangerie et de serre chaude, par Le Berryais. 4 vol. in-8 avec planches. 1789. 15 fr.

Jardins fruitiers et potagers (*Instruction pour les*), avec un Traité des Orangers et des réflexions sur l'Agriculture, par de la Quintinye, directeur des jardins fruitiers et potagers du roy. 2 vol. in-4o reliés avec planches. (*Editions diverses.*) 22 fr.

Jardin potager (*L'École du*), qui comprend la description exacte de toutes les plantes potagères, les qualités de terre, les situations et les climats qui leur sont propres, etc., etc.; la manière de dresser et conduire les couches, et d'élever des champignons en toutes saisons, etc., par de Combles. 2 vol. in-12 reliés. (*Rare.*) 6 fr.

Jardinage (*La pratique du*), par Roger Schabol. 2 vol. in-12 reliés. (*Rare et recherché.*) 6 fr.

Jardinage (*La théorie du*), par l'abbé Roger Schabol. 2 vol. in-12 reliés. (*Rare et recherché.*) 2 50

Jardinage (*Man. prat. de*), pr Courtois-Gérard, 5e éd. 1 vol. in-12. 3 50

Jardinier solitaire (*Le*), ou Dialogues entre un curieux et un jardinier solitaire, contenant la méthode de faire et de cultiver un jardin fruitier et potager, et plusieurs expériences nouvelles, avec des réflexions sur la culture des arbres. 1 vol. in-12 relié. (*Ancien et rare.*) 2 50

Légumes (*Album de*), publié par livraisons, par Vilmorin-Andrieux. - Prix de la livraison. 3 fr.

Neuf livr. sont en vente. Chaque livr. se vend séparément.

Légumes et Fruits, par Joigneaux. 1 vol. in-18. 1 25

Melons (*Traité complet de la culture des*), par Loisel. 3e éd. 1 25

Melon et Concombre. — Leur culture forcée, par le comte de Lambertye. In-8o. 1 50

Œillets (*Culture des*), par Ragonot-Godefroy. In-12, fig. 2e éd. 1 25

Pêchers (*Traité de la culture des*), par de Combles. 1 vol. relié. (*Ouvrage ancien et rare.*) 3 fr.

Pêcher (*Mémoire sur la culture du*), par A. de Bengy-Puyvallée. 2e édit., 1 vol. in-18 et 3 planches. 3 50

Pêcher en espalier (*Instructions pratiques sur la culture du*), par Lasnier, horticulteur. In-18. 50 c.

Pêcher en espalier carré (*Pratique raisonnée de la taille du*), par Al. Lepère. 5e édit. 1 vol. in-8 avec 8 planches. 4 fr.

Pelargonium, par Thibault. 1 vol. in-18. 1 25

Pensée (*La*), la **Violette**, l'**Auricule** ou Oreille-d'Ours, la **Primevère**. Histoire et culture, par Ragonot-Godefroy. in-18, fig. col. 2 fr.

Pépinières, par Carrière. 1 vol. in-18. 1 25

Plantes potagères (*Description des*), par Vilmorin-Andrieux et Cie. 1 vol. 5 fr.

Poires (*Les bonnes*), leur description abrégée et la manière de les cultiver, par Charles Baltet. In-8. 75 c.

Poirier (*Taille du*) **et du Pommier** en fuseau, par Choppin. 1 vol. in-8, fig., 4e édition. 3 fr.

Pomologie. — Notice pomologique. Description succincte de quelques fruits inédits, nouveaux ou des meilleurs parmi les anciens, avec fig. au trait des fruits décrits, par J. de Liron d'Airoles. 17 livrais. in-8 de publ. 17 fr.

Quarante poires pour les dix mois de juillet à mai. — Monographie divisée en quatre séries de dix poires, dont la maturation s'effectue pendant chacun des mois de juillet à mai; contenant le nom et la synonymie des poires, leur description et celle de l'arbre; le mode de culture, l'indication de l'origine et l'époque de la cueillette du fruit, avec la silhouette de chacun dessinée d'après nature et de grandeur naturelle, suivie de considérations générales sur la culture et la taille du poirier, par P. de Mortillet. 1 vol. in-8. 3 50

Reine-Marguerite (*Culture de la*), par Malingre. In-18. 30 c.

Reine-Marguerite pyramidale (*Notice sur la culture de la*), par Truffaut. In-8o. 30 c.

Rose (*La*), histoire, culture, poésie, par P.-L.-A. Loiseleur-Deslongchamps. 1 vol. in-12, fig. 3 50

Rose (*La*) chez les différents peuples, anciens et modernes; description, culture et propriété des Roses, par Chesnel, 1838. 1 vol. petit in-18. 1 25

Rosier (*De la Culture du*), avec quelques vues sur d'autres arbres et arbustes, par le comte Lelieur, 1811. 1 vol. in-12. 1 25

Rosier, culture, multiplication. *Voir le* **Jardin fleuriste**, *page* 12.

Serres (*Art de construire et de gouverner les*), par Neumann, chef des serres au jardin des Plantes. 2e édit. 1 vol. in-4 avec 23 pl. grav. 7 fr.

Thermosyphon (*L'Art de chauffer par le*), ou **Calorifère à air chaud**, par A***. 1 vol. in-4, avec 21 planches gravées. 2e édit. 3 fr.

Evreux, A. HÉRISSEY, imprimeur. — 1060.

www.ingramcontent.com/pod-product-compliance
Lightning Source LLC
Chambersburg PA
CBHW070532200326
41519CB00013B/3022
* 9 7 8 2 0 1 9 5 3 5 1 1 7 *